U0930914

央民族大学国家“十五”“211工程”建设项目

谢爱华 著

突现论中的哲学问题

中央民族大学出版社

图书在版编目(CIP)数据

突现论中的哲学问题/谢爱华著,—北京:中央民族大学出版社,2006.9

ISBN 7-81108-254-3

Ⅰ.突…　Ⅱ.谢…　Ⅲ.①科学哲学－研究②－宗教哲学研究　Ⅳ.①N02②B920

中国版本图书馆 CIP 数据核字(2006)第 041547 号

突现论中的哲学问题

作　　者　谢爱华
责任编辑　吴　云
封面设计　马钢工作室
出 版 者　中央民族大学出版社
　　　　　北京市海淀区中关村南大街27号　邮编　100081
　　　　　电话:68472815(发行部)　传真:68932751(发行部)
　　　　　　　68932218(总编室)　　　　68932447(办公室)
发 行 者　全国各地新华书店
印 刷 者　北京宏伟双华印刷有限公司
开　　本　880毫米×1230毫米　1/32　印张:7.75
字　　数　200千字
印　　数　2000册
版　　次　2006年9月第1版　2006年9月第1次印刷
书　　号　ISBN 7-81108-254-3/N·3
定　　价　20.00元

目　录

前　言

选择复杂性科学与突现论作为研究方向,是一种挑战,也是一种冒险。不仅因为这是一块鲜有人开垦的处女地,研究的难度和资料的缺乏就令人望而生畏;还因为这一课题蒙受着许多误解:即使是某些思想较为开明的圈内人士,也视之为一种"赶时髦"的做法而嗤之以鼻,不屑问津。国内提倡者寥寥无几,有点曲高和寡的味道。这与国外的研究状况形成了鲜明对比。

但我仍然有些固执地认为,复杂性科学与突现论的兴起是20世纪最伟大的科学革命,它深刻改变了世界的科学图景和人类的思维方式,其意义足以和相对论与量子力学的诞生相媲美。遗憾的是,到目前为止,复杂性科学特别是突现论仍然没有形成成熟的科学体系,有些概念和范畴仅仅停留在隐喻阶段,更无法在哲学上对复杂性科学与突现论给出满意的说明。

本书对复杂性的定义是:复杂性是现实世界的一种属性,它是在复杂系统内部各要素的非线性相互作用下产生的,用传统的还原论科学所无法处理的性质。复杂性的特征是"自组织"与"表征"(representation)。在经历了对复杂系统的隐喻式描述阶段之后,发展出对复杂系统的两种描述模型:基于规则的形式化符号系统模型与关联论模型。前者来源于对人工智能的研究,后者来源于对人脑的模拟。前者对思维的定义是功能主义的,后者对世界的模拟是关系主义的,且表征是分布式(distributed)的。在揭示复杂系统的行为与本质特征方面,关联论模型与基于规则的形式化符号系统模型各有优势和劣势,这主要取决于我们所要完成的任务的性质——前者适合于模式识别，后者更适合于完成推理任务。

本书试图为突现论建立定性的科学模型，并给出哲学说明，特别阐述它对哲学本体论的冲击及其与后现代主义的关系。至于任务完成得如何，只有交给读者去评判了。也许我为自己设定了一个高出自己能力的任务，有点勉为其难。研究过程中的艰难辛苦，只有自己知道，自己体会。

"突现"问题无疑是复杂性研究中的热点问题；突现诞生的直接理论背景是分形、混沌与突变理论。突现的定义必须相应于某个宏观层次。本书对突现的定义是：系统新质（未曾有过的结构或其子系统都不具有的功能）作为整体的突然出现的过程。

本书在库恩"范式"的意义上尝试建立了突现的定性的理论模型。它包括：

(1)基本概念与范畴：吸引子，状态空间，内部图式，序参量，分岔。

(2)基本原理与规律：役使原理，协同原理，缘接（Ocassional－connection）原理，超系统综合规律，信息控制规律与对称破缺规律。

(3)基本信念与纲领：整体论，生成论与非决定论。

(4)范例：本书列举三个范例（役使原理，贝纳德元胞，离散映射）。

(5)价值：是开放的，个人之间既竞争又合作，充满非线性相互作用。其中偶然性与个人自由具有特殊重要的意义。未来是不确定的，有无限的可能性。世界与人处于一种亲密关系之中。

突现理论对哲学本体论的影响是巨大而深刻的。本书将本体论的探索历史划分为如下五个阶段：古希腊最早的生成本体论——宇宙本体论——理性本体论——分析哲学——当代生成本体论。在本体论上，突现论一反西方自柏拉图以来的旧的形而上学将存在视为"本质"与"理念"的传统，而是在更高的层次上向前苏格拉底时期将存在视为"生成"与"凝聚"过程的观点的回归。突现即是生成。正因为此，对当代突现本体论，海德格尔具有特殊重要的意义。需要指出的是,对西方哲学史的分期,随所采用的标准不同,将会有很大差别。笔者将哲学史上对本体论问题的探讨划分为五个时期,是着眼于各派哲学对生成本体论的贡献,这只是笔者自己喜欢的一种划分方式。

在认识论上,笔者探讨了西方哲学史上源远流长的所谓"认识论问题"——认识客体的客观实在性问题。之所以重提这个话题,是因为自突现论诞生以来,关于突现是"认识论幻象"的理论也随之而起,关于突现是否具有本体论地位的争论也时起时伏。笔者在书中引用科学哲学的解释理论为突现的解释功能与客观实在性作了辩护,指出突现是存在于自然界与社会历史系统的客观过程,而非某些学者所说的"认识论的幻象";按照科学哲学的解释标准,突现是一个好的解释理论。

复杂性理论还与后现代主义有深刻的内在联系。德里达(Derida)的后结构主义语言学与关联论模型有着一脉相承的渊源关系。它们在反人类中心论、强调个人自由与责任、追求人与自然的新联盟的价值观方面也有异曲同工之妙。本书在后记中探讨了这一问题,指出后现代主义为复杂性科学和突现论提供一个可理解的哲学框架,而复杂性科学和突现论也为后现代主义思潮提供学理的支撑。

本书完全没有涉及突现理论对于哲学方法论的冲击,这是一个缺憾。这既是由于时间紧迫,也是受笔者研究能力与认识水平的限制。即使对于生成本体论,这里也仅仅是一个框架而已,还有大量艰苦细致的工作要做。

值得一提的是,整体论与还原论是两种相互补充的思维方式,强调其中一个并不意味着另一个失去作用。两种思维方式是相互交叉融合的,完整的研究过程应该是还原——整合——再还原——再整合……的不断循环的过程。只是由于传统还原论思维的强大与惰性,笔者才着重强调了整体论的思维方式。

我常常满怀景仰之情地想起哈肯、艾根、普里高金以及圣菲(Santafee)研究所内的那些或大名鼎鼎或默默无闻的研究者们,他们是活跃在这一领域前沿阵地的科学和哲学大师。在我心中,从没有把他们看成仅仅是科学家,他们是庄子所说的"判天地之美,析万物之理"的自然哲学家。他们深邃的思想力图穿越时空,洞穿宇宙、自然和人类心灵的一切奥秘。

如果读者在本书中能够读出科学主义和人文主义倾向的某种融合,那是笔者所受教育的背景使然。我常常为自然科学与人文科学的分裂而寝食不安。马克思一百多年前就曾高瞻远瞩地预言:将来关于自然的科学也将包括人,关于人的科学也将包括自然,两者将是同一门科学。过了两个世纪之后的今天,人类已经进入新千年的门槛,而两种文化的分裂与对峙却依然故我。这是当今时代人类精神的深刻的自我分裂。

好在我们现在有了复杂性科学与突现论,这是融合两种文化的新的希望。笔者愿和一切有志于此的同道共同努力。若此书能够为这一宏伟事业尽绵薄之力,便是对笔者半年多来辛苦努力的最好回报。

本书是在作者博士论文的基础上改写而成。在中国社会科学院读博士的三年期间,我无论在学业上还是生活上都得到我的导师——中国社会科学院的刘吉和金吾伦教授的无微不至的关心和照顾,本书从构思到最后定稿,自始至终得到他们的悉心指导,他们的渊博的学识与虚怀若谷的品格永远是我学习的榜样。本书的责任编辑吴云女士认真审校了全书。没有他们的辛勤劳动,本书不可能以现在的面貌呈现在读者面前,笔者在此一并致以诚挚的谢意!

谢爱华

2006年5月于北京中央民族大学

第一章　复杂性研究与“突现论”

第一节　复杂性的挑战

一、还原论与决定论

20世纪科学和哲学界最激动人心的事件之一，是以突变、混沌、分形等为代表的复杂性研究的兴起，这股思潮强烈冲击着传统科学的大厦，并在技术、商业管理与社会政策中得到广泛而有效的应用，严重动摇了自牛顿力学诞生以来统治科学和哲学界几百年的还原论思潮的绝对统治地位。

18世纪中叶，牛顿力学在探索自然界的奥秘方面取得了辉煌的成功，它以简洁优美的三大运动定律描述了从天上的行星到地上的潮汐的所有机械运动。海王星的预言与发现给牛顿力学带来了黄金时代，以此为代表的机械自然观及其一切现象都可以还原为机械力学的还原主义思潮，在各门自然科学与人文科学中凯歌高奏、胜利进军，牢牢地统治了一个时代的思维方式。人们深信：造物主最深奥的秘密是力学，它的权威的阐释者是牛顿。牛顿的墓碑上镌刻着诗人蒲宁模仿《圣经》“创世纪”的口吻写下的赞美诗：

> 自然与自然的奥秘在黑夜中隐藏，上帝说：“让牛顿去吧!”。于是，一切都已照亮。①

① 李醒民：《激动人心的年代》，四川人民出版社，1984年版，第92页。

与还原论思潮紧密伴随的就是机械决定论。当时著名的天文学家拉普拉斯的一段广泛被引用的话，无疑被看做是那个时代建立在还原论思潮基础之上的决定论的宣言：

> 自然系统的当前状态很明显是其在前一瞬间的状态的结果；如果我们想像某一天才在一给定时刻洞悉了宇宙所有事物间的全部关系，那么它就能够说出在过去或未来任一时刻所有这些事物的相对位置、运动及总作用……为了确定由这些巨大天体组成的系统在若干世纪前或若干世纪后的状态，数学家们只需要在任一时刻通过观测定其位置与速度就行了。①

这种牛顿-拉普拉斯式的决定论伴随着人类征服自然的雄心，以巨大而顽强的生命力一直延续到20世纪。世纪之交科学革命的旗手——爱因斯坦，一生中始终坚定地认为自然界是简单、和谐和统一的，过去、现在与未来之间的差别只是一种幻觉。他曾说过一句名言：上帝不掷骰子，即自然界的规律是确定论的。正如普里高津所说：

> 在本世纪之初，物理学家继续着经典研究项目的传统，几乎一致承认宇宙的基本定律是决定性的和可逆性的。那些不适合这一程式的过程被认为是例外，仅仅是人为的产物，是因为我们的无知或对所涉及到的变量缺乏控制造成的。②

---

① 刘华杰：《混沌语义与哲学》，博士论文，第108页。

② Nicolis G Prigogine，exploring complexity，New York：W. H. Freeman&Co，1989. 中译本：尼科里斯、普里高金：《探索复杂性》，四川教育出版社，1986年版。

二、复杂性时代

然而，即使在这股强劲的还原论与决定论思潮的统治下，也有不谐和的暗流潜藏。另一位科学伟人、法国数学力学家彭加勒，早就发现牛顿力学在解决三体问题方面无能为力。他认识到：一个系统的状态中的任意小的不确定因素可能会逐渐增大，从而使未来的状态不可预测。

插图 1：彭加勒（H. Poincare，1854—1912），法国著名科学家。最早提出牛顿经典力学无法处理的“三体问题”。

> 一种非常微小以至于我们觉察不到的起因可能产生一个显著的、我们绝不会看不到的结果。这里我们就说这结果是偶然产生的……可能会有这种情况：初始条件中的微小差异导致最终出现根本不同的现象。前者的微小误差将使后者出现巨大误差。于是我们就不可能作出预言，这现象就被认为是偶然性的现象。①

以线性规律为特点的牛顿力学无法解释自然界和人类社会大量的复杂现象。现在人们认识到，我们所处的世界，本质上是一个非线性的、复杂的世界。湍流如何形成？洛仑兹吸引子的"蝴蝶翅膀"已经成为"万里晴空"的天气预报领域里的一朵乌云。此外，还有地震、雪崩以及波谲云诡的股市、文化的变迁与融合等，都为我们带来了传统科学无能为力的难题。

这里，与科学自诞生以来始终坚持的自然是简单的、可还原的与决定论的信念相反，自然界向人类呈现出它扑朔迷离、难以琢磨的一面。这也是复杂性科学最惊人、最引人注目的地方。其实，哲学家康德早就洞察到这一点。他曾以诙谐的口吻说：能解释青草叶片的牛顿还没有出现。是的，生命是一个奇迹，人类社会更是一个奇迹。这些高度自组织的系统对于传统科学来说一直是一个黑箱。如今，蓬勃兴起的复杂性理论就要来打开这个黑箱了。复杂性理论对人类科学、哲学、文化及思维方式的冲击是颠覆性和震撼性的，它的伟大的革命性意义直到现在仍然没有被完全认识清楚。如同世纪之交的科学革命开创了"相对论时代"一样，复杂性理论也宣告了一个"复杂性时代"的来临。

尼科里斯和普里高津在他们的名著《探索复杂性》中写道：

① H. Poincare, La Valuer de la Science, p. 135.

我们的时代是以多种概念和方法的相互冲击与汇合为特征的时代，这些概念和方法在经历了过去完全隔离的道路以后突然间彼此遭遇在一起，产生了蔚为壮观的进展。它阐明了非线性与非平衡这两个要素如何使物质具有高度的灵敏性，展现出长程的秩序并演化出多样化的自组织状态。它使人们可以设想出复杂性如何在自然中出现，以及可在何种程度上被加以探索研究。①

插图2：普里高津（I. Prigogine，1917—　），耗散结构理论的创始人。初步揭示了开放系统从非平衡走向有序的条件和机制。

① Nicolis G Prigogine，exploring complexity，New York：W. H. Freeman&Co，1989. 中译本：尼科里斯、普里高金：《探索复杂性》，四川教育出版社，1986 年版。

里萨克（R. Lissack）写道：

> 所有的传媒都在告诉我们：我们生活在一个复杂性上升、传统秩序崩溃瓦解的时代。……传统的管理文献——MBA的大多数前辈所受教育的来源——喜欢谈论一个客观的世界，其中相互作用被描述为线性的，词汇具有单一的意义，预测与控制具有不同寻常的重要性。……然而，从复杂性理论中生长出了一个相反的方面：复杂性理论注意到人类活动可能发生突现行为，从而向传统的管理基础提出挑战。在突现的研究中，复杂性理论与组织交汇融合。①

里萨克在这里提到了“突现”，并明确指明这是复杂性理论与管理科学融会的交点。“突现”的确是复杂性研究中的热点问题，也是这篇论文研究的重点。不过在进入突现的论题之前，我们首先必须弄清楚复杂性的含义，以及二者的关系。

在此需要说明的是：为了研究复杂性及其突现理论，我们既需要科学，也需要哲学。可以说科学没有哲学是盲目的，哲学没有科学是瘫痪的。二者的联合使双方受益。一方面，我们对复杂性的性质了解得越多，对于它在哲学上的革命性变革就体会得越深刻；另一方面，高屋建瓴的哲学思维将极大地开拓我们的视野，也会加深我们对复杂性的了解。跨学科的研究才是复杂性研究的新方向。这里有一个例子：我们发现某种语言模型（传统的哲学，比如语言哲学领域）与通常认为是自然科学领域的某种脑模型是同一个模型。随着我们对复杂性探索的深入，一个领

① R. MichaelLissack, Complexity: the science, its vocabulary, and its Relation to Organizations. 1999.

域内的科学发现在另一个领域内的应用会变得越来越重要。

这是一条漫长而艰巨的道路。现在，就让我们一起踏上这条探幽入微之路吧！

第二节　复杂性的定义、特征及描述

一、复杂性的定义

迄今为止，复杂性的定义仍然是一个众说纷纭的“复杂性问题”。

在美国国会图书馆 1975 年至 1999 年 2 月 15 日的入藏书目中，标题里含复杂性（Complexity）一词的就有 489 种。其中涉及算法复杂性、计算复杂性、生物复杂性、生态复杂性、演化复杂性、发育复杂性、语法复杂性，乃至经济复杂性、社会复杂性，凡此种种，不一而足。在耗散结构理论的创始人普里高津的《探索复杂性》（合著）一书中，首章首节开宗明义地以“什么是复杂性”为标题，后面又罗列了许多自然界中的复杂现象和复杂过程，然而最后仍然没有明确回答这个问题。

圣菲研究所是世界著名的复杂性科学研究基地。它地处美国新墨西哥州首府圣菲，1984 年由盖尔曼、安德森及阿罗（K. Arrow，1972 年诺贝尔经济学奖获得者）等人倡议建立。其研究课题非常广泛，几乎包揽或涉及的领域有：地球上出现生命之前的化学演化和之后的生物演化、哺乳动物的免疫系统理论、人类与动物个体的学习和思维、人类文化和语言的演变、作为复杂的演化系统的全球经济、计算机和程序设计的全新战略，等等。然而，人们至今对该研究所的研究成果褒贬不一；研究所内部对复杂性问题的看法也有分歧。有人甚至批评他们所采用的方法仍然是还原论，或者是一种“新的还原论”。

看来，复杂性的刻画已经走过漫长的道路，却远远未臻完备。根本的原因在于不存在复杂性的绝对尺度。人们已经提出过不下50多种各有其适用范围的复杂性“定义”。历史上较早提出的是计算复杂性概念，它与20世纪30年代数理逻辑的兴起密切相关。1964—1966年，又出现了算法复杂性。后来，有人提出逻辑深度的概念，试图把二者结合起来。此外，还有形式语言和语法复杂性等。目前的复杂性定义比较混乱，我认为一个很重要的原因是把不同层次的东西混在一起了。要定义复杂性，应区别以下几点：

（一）科学上的复杂性概念与日常语言中的复杂性概念

我们经常说：“托勒密的太阳系体系比哥白尼的复杂”，或者“这个问题很复杂”，等等，这里的复杂性概念与科学上的复杂性概念不同，有时含义甚至刚好相反。混淆二者，可能会得出一只猴子在键盘上敲打的字符串比莎士比亚的十四行诗更“复杂”的荒唐结论。为区别于此，盖尔曼（Gellman）提出了“有效复杂性”的概念，它被定义为描述一个复杂适应系统规律性的图式（Pattern）的最小长度。

（二）客观事物的复杂性与主观描述的复杂性

目前有些复杂性定义正是将二者混同了。根据我们前面的论述，复杂性定义应该指前者。后者（复杂性理论）是不断变化的，而且有对、错之分，必须接受实践的检验。当然，客观事物与我们对它的描述不可截然分开，但二者毕竟有区别。将二者混同便导致哲学上的贝克莱主义。中国科学院的郝柏林院士认为：

> 客观地定义和度量复杂性，与人们对自然界描述体系的复杂性是两回事。这很像是美和美感的关系。前者应有客观定义，而后者涉及接受者的主观条件。……如何刻画客观的复杂性，这实际上是个如何脱离主观评价

定义某种可测量对象的问题。①

（三）复杂性、随机性与不可预测性

虽然复杂系统往往伴随大量的随机过程，但复杂性与随机性是有区别的。有些随机性是复杂性，有些随机性并不复杂。历史上不少复杂性的定义，其实针对的是随机性。复杂性介于随机和有序之间，是随机背景上无规则地组合起来的某种结构和序。复杂性与不可预测性也有区别。不可预测性只是复杂性的特征之一，而不是其全部特征。这一点后面还将详细阐述。

（四）复杂性与非线性

复杂性的根源正在于复杂系统内部各要素的非线性相互作用，对复杂性的刻画必须大量借助非线性科学的工具。有人据此将复杂性等同于非线性，将复杂性科学等同于非线性科学。这是一种误解。非线性现象也是现实世界的性质。描述此现象的科学——非线性科学有自己独特的对象、方法和工具，已形成成熟的科学体系。复杂性科学虽然运用非线性科学作为自己的工具，但因其涉及的对象太广泛而没有形成自己独特的领域。因此有人宁愿提“复杂性研究”而不提“复杂性科学”，这是一块尚待开拓的领地。

由此看来，复杂性具有非常广泛的含义，它本身就是探索研究的对象，在时间的演化过程中，它不断地改变自身的含义与内容；科学现在很难给复杂性下定义。普里高津在上述以“探索复杂性”为标题的书中没有给复杂性下定义，是科学的态度，而绝不是一个疏忽。若要勉强定义的话，似乎可以粗略地认为：复杂性是现实世界的一种属性，它是在复杂系统内部各要素的非线性相互作用下产生的，用传统的还原论科学所无法处理的性

① 郝柏林：《复杂性的刻画与“复杂性科学”》，载《科学》1999年5月。

质。这仍然不是一个好的定义，但也总算聊胜于无吧。

二、复杂性的特征

关于复杂性的特征几乎也和复杂性的定义一样众说纷纭。随便举出一些例子，便有：整体大于部分之和，对初始条件的敏感依赖性，随机，自组织，适应，动态，突变，约束，编码；还有层次性，“鲁棒性（robustness）”，奇异性，等等。前述这些说法，每一个都是对的，却又几乎都是片面的。如同盲人摸象的故事，他们只是抓住了各自感兴趣的某些方面。我们要做的区分是：这里有哪些特征是根本性的？又有哪些是次要的，可以由根本性特征推导出来的？简化与思维经济仍然是科学研究的目标。我将复杂性的根本特征归结为两点：表征与自组织。

（一）表征（representation，也可译为“表达”）

简单地说，它是指符号与其所表征的意义之间的关系，如语言学中语言符号与世界的关系。具体到复杂系统，便是系统的内禀性质（内部图式：pattern）及其外部表现的关系。对这个问题的不同解答涉及一系列复杂的形而上学问题，后面还要详细探讨。这里需要指出的是：复杂系统的表征常常是“分布式”（distributed）的。以神经网络为例，内部图式是通过神经元之间的相互作用（由“权重”表示）而形成的。内部图式是许多神经元联合作用的结果，同一个神经元也可以同时参与不同的内部图式的构成。因而内部图式是“分布”在不同的神经元之间的——这就是所谓“分布式表征”的含义。

（二）自组织（self-organization）

它是一种自组织原理，探讨谐和的、有目的性的整体如何从简单的、有时是非目的性的分量的相互作用中突现出来。在经典的复杂性科学如系统论、协同学与“耗散结构”论中，对自组织现象的探讨已经取得了许多富有意义的成果。这是复杂系统的一个重要性质。许许多多独立的因子在许许多多方面进行着相互作用。比如千百万个蛋白、脂肪和细胞核酸相互产生化学作用，从而组成了活细胞；又比如由几十亿个相互关联的神经细胞组成大脑，以及由成千上万个相互依存的个人组成人类社会。这些过程并没有经过人为的策划、组织、控制，而是大量的个体在相互作用、相互影响下自然演化的结果，这个过程便是自组织。

这两点是复杂系统的根本性特征，其他特征或者是它们的表现，或者可由它们推导出来。例如复杂系统的鲁棒性（robustness）特征——系统一定程度的抗干扰能力及其动态、适应等特征，就是系统自组织特性的表现；对初始条件的敏感依赖性及突现特征则是系统分布式表征的结果，等等。

三、复杂系统的描述：隐喻、模型

在复杂性科学刚刚进入科学讨论的视野时，它作为理论还并没有成为一门严密组织的科学（直到今天，有人仍然不同意“复杂性科学”的提法），而不得不使用一些隐喻性的词汇来描述。这个理论包括如下概念：相变，适合性图像，自组织，突现，吸引子，对称与对称破缺，混沌，量子，混沌的边缘，自组织临界性，生成关系，以及“日益加强的尺度递归”，等等。

（一）隐喻描述

比较常用的隐喻性术语有两个：“混沌的边缘”与“适应性风景”。

1. “混沌的边缘”

其最热烈的支持者是圣菲研究所的考夫曼：

> 生命系统发挥其最有力也最有效的水平是在介于稳定与无序之间的狭窄空间范围内——保持在“混沌的边缘”。似乎正是在这里，系统内的作用者传递最大范

围的有效相互作用，交换最大量的有用信息。人们在日常生活中认识到这一点：一个稍微杂乱的办公室是有效率的；欢闹的家庭是幸福的；经济状况在不足的情况下才充满活力。是混沌的边缘，而不是混沌自身。①

研究所另一成员朗顿也对此概念情有独钟。他认为，使宇宙间生命和心智起源的神秘的东西，就是介于有序之力与无序之力之间的某种平衡。更准确地说，我们应该观察系统是如何运作的，而不是观察它是由什么组成的。当从这个角度观察系统时，就会发现存在秩序和混沌两个极端。在此两极的正中间，在某种被抽象地称为“混沌的边缘”的相变阶段，发现了复杂现象。在这个层次的行为中，该系统的元素从未完全锁定在一处，但也从未解体到骚乱的地步。这样的系统既稳定到足以储存信息，又能快速传递信息。这样的系统是具有自发性和适应性的有生命的系统，它能够组织复杂的计算，从而对世界做出反应。

朗顿得到如下的类比：

动力系统：

秩序—“复杂”—混沌

物质：

固体—“相变”—流体

计算机：

停止—“不可决定”—非停止

过于稳定—“生命/智能”—过于喧闹。②

其实，早在20世纪60年代，考夫曼就在他的基因网络中发现：如果关联点太稀疏了，整个网络基本上就会处于冻结和静止

① T. Petzinger，(1996) The Front Lines，Wall Street Journal，October 18.

② 米歇尔·沃尔德罗普著，陈玲译：《复杂：诞生于秩序与混沌边缘的科学》，北京：三联书店，1997年版，第135页。

状态；如果关联点太稠密了，整个网络就会剧烈翻搅，呈完全混乱状态。只有处于两者之间，当每个节点只有两条输入时，整个网络才能产生考夫曼想要的那种稳定的循环。

20 世纪 80 年代中期，该研究所的另一名成员法默（Farmer）在自动催化组模型中发现了同样的情况。这个模型有许多参数，比如各种反应的催化强度和“食物”分子的供给速率。法默等人通过不断尝试和不断犯错误的方法，用人工来调校这些参数。他们在自动催化组模型中最早发现的一种情况就是：直到这些参数进入了某个范畴，自动催化组才会启动，并迅速发展。法默认为，这种行为是其他模型中相变的再现。

在社会经济系统中，也存在类似的法则。一切健康的经济和健康的社会都必须保持秩序与混乱之间的平衡，而不是保持某种软弱无力的、平庸的、中间道路似的平衡。这就像活细胞一样，它们必须在反馈与控制之网中调整自己，但同时又为创造、变化和对新情况的反馈留有充分的余地。沃尔德洛普说：

> 混沌的边缘就是生命有足够的稳定性来支撑自己的存在，又有足够的创造性使自己名副其实为生命的那个地方；混沌的边缘是新思想和发明性遗传基因始终一点一点地蚕食着现状的边缘的地方。在这个地方，即使是最顽固的保守派也会被推翻。混沌边缘是几个世纪的奴隶制与农奴制突然被 50 年代和 60 年代人权运动所取代的时刻；是长达 70 年的苏维埃突然被政治动乱所取代的时刻；是进化过程中万古不变的稳定性突然被整个物种的演变所取代的时刻。混沌的边缘是一个经常变换在停滞与无政府两种状态之间的战区，这便是复杂系统能

够自发地调整和存活的地带。①

2. “最佳适应性风景”

由描述系统运动的轨迹而绘出的相空间图，曲折复杂，可用风景比喻。风景是粗糙的，因为有山与峡谷；它是湍流的，因为它既与外部环境也与内部参与者（组成系统的各个主体 agent）相互作用，这些内部参与者构成了风景的本质部分。

考夫曼在粗糙的风景上进行了大量的研究工作后宣称，如果适应性是中等的，研究在远离可能性空间的区域完成得最好。但是，随着适应性增加，最适变量在离可能性空间的当下区域越来越近的地方被发现。

在复杂性表面（有很多山谷的粗糙适应性风景），系统可能被贫瘠的局部最佳值(“错误的山”）所捕获。考夫曼研究出了一种被称为“模拟退火”的方法，使组织离开局部最佳值逐渐向“整体最佳值”靠拢。“模拟退火”是一种最优化过程，用温度作类比，使系统几乎在每一个温度上达到平衡，从而逐渐陷入更深的能阱。隐藏在“模拟退火”背后的一般概念是，在有限的温度下，系统“忽略”了某些限制，采取了“错误”的步骤，因而暂时提高了温度。用一种明智的方法忽略某些限制，能帮助系统避免陷入局部最佳值。

以上两个概念本质上都是一种类比，但这些类比的作用不可低估，它提供遇到非预期的与不熟悉的情况时获得新的方法与类比的途径：

当经验的任何方面以它值得理解而打动我们时，无论是第一次还是以新的方式，我们开始寻找（类比实

① 米歇尔·沃尔德罗普著，陈玲译：《复杂：诞生于秩序与混沌边缘的科学》，北京：三联书店，1997年版，第78页。

例）……我认为，当我们求助于字典用不熟悉的词汇定义未知词汇时，我们注意到另类现象，无论是自然的还是人为的，寻找我们试图加以理解的事物、性质与事件的类比物——包括我们经验的与行为的方面。[①]

（二）协同学与模型化方法

协同学（synergetics）是哈肯教授在多年潜心研究激光理论的基础上提出的。在激光研究的领域内，他所领导的哈肯学派与当时著名的兰姆学派并驾齐驱，被公认为激光理论的两大学派之一。20世纪70年代初，哈肯在长期工作和思索的基础上，提出了协同学的概念。今天，协同学已发展成为一门应用广泛、前景远大的横断学科，它与著名的耗散结构论和突变论一起，被称为“继相对论和量子力学之后再次改变了世界的科学图景与科学家的思维方式”的重大科学发现。本文试图通过考察协同学的诞生过程这一具体的科学实例，说明模型方法在科学发现中的作用。

1. 从激光理论到协同学

原子中的电子从高能态向低能态跃迁时将发出一定频率的光波。在一般情况下，原子发出的光波的频率是杂乱无章的，这是自发辐射。但当外界的泵浦能量达到一定的阈值时，将出现受激辐射，此时同一频率的光波不断被放大、加强，物体发出高强度、高能量的单色光——激光。

以红宝石激光器为例，在激光器的晶体（红宝石）中嵌入大量的原子（如碳原子）。当外界能量激发这些原子时，原子便发出一定频率的光波。光波碰上其他被激发的原子，光波被放

① D. Leary，(ed.)（1990）Metaphors in the History of Psychology，New York：Cambridge University Press.

插图 3：哈肯（H. Haken，1927—　），协同学的创始人，在对激光理论的研究中提出协同学，探讨了复杂系统通过协同运动走向有序的机制，并提出著名的伺服原理。他的激光理论在物理学界形成与兰姆学派并驾齐驱的哈肯学派。

大，信号得以加强。此时，每一原子各自发出一定频率的光波，光波分别被不同的激发原子所放大，激光器内便产生了虽然是放大的，但却互不相关的波的叠加，这时观察到的是极不规则的图样。

但是，当外界泵浦能量到达一定的阈值的时候，一个崭新的过程出现了：原子开始相干振荡，场本身也变得相干，它不再由互不相关的波列构成，而变成了无穷长的正弦波。相干场的形成使大量原子受激辐射，步调一致，从而产生高能量的激光。

对激光产生的微观过程的研究，给了哈肯两个方面的启发：

第一，在原子由自发辐射向受激辐射转变的临界点，有诸多变量同时影响原子运动。有的变量瞬间即逝，对原子状态的影响微乎其微，被称为“快变量”；有的变量则作用较为持久，对原子状态的影响也较大，被称为“慢变量”。前者为后者所支配。因此，在用数学模式处理激光时，为简化起见，常消去快变量而保留慢变量。哈肯受到启发，将其提升为一个更一般的原理——“伺服原理”（servo-principle）。此乃协同学一个相当重要的原理，下面还将详细讨论。

第二，通过对大量的远离平衡态系统（包括激光系统）的研究，人们发现，发生在远离平衡态的突变行为与平衡相变有某种类似性；并且，表面看来极不相同的系统，如激光、流体、化学反应等，在变化的临界点也会呈现某种共同行为。哈肯说，对这些问题的思索促使他提出一个问题：有没有一个一般性的原理支配着所有这些系统的行为呢？

正是这两个方面的思索，导致了协同学基本原理的产生。

按照这个原理，对于一个高维（甚至无穷维）的非线性系统，在线性稳定性分析的不稳定点附近，存在着少数几个不稳定模和大量稳定模，后者完全为前者所支配，即后者可表示为前者的函数。这样，我们消去后者以后，原来的高维系统就可简化为一组维数很低的方程组。通过求解此方程组，可得到各种时间、空间或时空结构，甚至混沌。目前这一方法已成功应用于很多系统，结果与实验符合得很好。

后来，哈肯学派致力于继续发展协同学的一般理论和将协同学应用于各种具体问题。他与别人合作，以严格的数学形式表述了伺服原理。1983 年，《高等协同学》一书问世。1987 年，《信息与自组织》出版，该书将信息论引入协同学，其中宏观方法与唯象方法的提出，标志着协同学发展到一个新的阶段。

2. 模型方法的应用

模型方法是科学家在科学发现和科学说明中经常采用的方

法，如伽利略在探讨运动原因时运用了斜面模型，爱因斯坦为了说明同时性的相对性也应用了火车运动的模型。

模型方法的理论基础是类比推理。有人否认类比推理是严格的逻辑思维形式，从而抹杀模型方法在科学发现中的意义。但科学史告诉我们，自然科学最鲜明的特征之一就是使用模型来描述复杂系统至少某些方面的性质和趋势，波伊尔的气体分子模型及卢瑟福的原子模型都是科学史上具有里程碑意义的经典模型。

科学家J. 波尔金霍恩在《推理与真实》中写道：

> 我们习惯性地谈到不能直接观察到的那些实体。从来没有人看到过一个基因（尽管有X光照相，加以适当地解说后，导致克里克和沃森提出螺旋状的DNA结构）或一个电子（尽管在气泡室中有着踪迹，加以适当地解说后，指示存在着一个负面电子消耗大约4.8×10^{-10}个静电单位、质量大约为10^{-27}克的粒子）……①

哈肯的协同学显然是以激光器为模型，运用类比推理得到的科学成果。协同学的关键思想在激光器中都有原型。

第一，协同学认为，系统的各个组分（子系统）自我排列、自我组织，似乎有一个“无形的手”在操纵着这些成千上万的子系统；另一方面，正是通过这些大量的子系统的协同作用才导致了这个“无形的手”的产生。这个无形的手就是“序参量”。它不仅是协同学的重要概念，也是整个自组织理论的重要概念。“序参量”对子系统的操纵作用即是“伺服原理”。

这一原理显然对应前述激光形成时相干波（无限长的正弦波）的出现。在激光中，相干波即是序参量，它“役使”着系

① 波尔金霍恩：《推理与真实》，伦敦：SPCK出版社，1991年版，第20页。

统其他部分的行为，而它的形成正是通过各个原子（子系统）的相互作用。序参量对子系统的这种操纵作用是瞬时传递的，被普里高津称为“长程通讯”或“长程相关”，亦是系统自组织理论的重要概念。

第二，协同学认为，在系统的临界点处，对系统新结构的产生起决定作用的往往只是少数几个序参量，从而使问题可以大大简化。这是复杂性背后蕴涵着的简单性。

这一原理显然对应前述激光理论的“绝热消去法”——消去快变量，保留慢变量。

因此，激光器显然是协同学理论的模型。哈肯运用模型方法得到了协同学理论。

从以上的简要讨论中，我们得到结论：

第一，模型方法是科学中处理复杂系统时常用的方法，也是科学发现中具有重大作用的方法；

第二，选择模型或建立模型的基础是：在模型和它所代表的东西之间具有重要的相似点；

第三，模型分为实物模型与思想模型，因此模型并不必然存在；

第四，相对于其代表的复杂系统来说，模型常常是简化的。因此，绝不能把二者视为完全相同，也不能认为模型的每个方面都与所代表的系统完全一致。

3. 模型方法在协同学中的进一步推广

哈肯没有将自己的科学发现停留于物理与化学系统，他试图将它进一步推广到生物甚至社会系统，从而发现支配自然、人类社会和思维的普适规律。

在其 1987 年出版的著作《信息与自组织》中，哈肯已经运用宏观与唯象的方法成功处理了马的奔跑与人手的运动中的自组织协调问题。将协同学运用到社会领域，估计已为时不远。

与西方长期流行的分析的思维方式相反，协同学采用的是综合的方法，即着重研究各部分之间是如何以协调一致的动作产生整体结构的。

协同学的诞生不仅具有重要的方法论意义，而且具有重大的历史文化意义。

在牛顿的经典力学中，没有时间概念，因此，也没有过去、现在与未来的区别，未来和过去一样确定，这是拉普拉斯决定论的理论基础。

19 世纪，在热力学系统中第一次出现了时间的方向性问题——“时间之矢”。克劳修斯指出，一个封闭系统的熵（混乱度）总是趋于增加。因此，宇宙随时间的推移将一步步走向混乱和无序，最后是一个没有生命和能量的死寂的宇宙。

达尔文的进化论却指示了另一条方向完全相反的“时间之矢”：生物从单细胞进化到高等动物直至人类，组织越来越精密，结构越来越复杂，有序度不断增加。马克思的历史唯物论也指出，人类社会从原始社会过渡到共产主义社会，是一个不断进化的历程。

这导致了自然与社会的分裂，自然科学与人文科学的鸿沟不断加深。

哈肯的协同学正是在这种时代背景下诞生的。它与普里高津的耗散结构论和托姆的突变论一起，揭示了自然界内开放的自组织系统的进化机理，指出：自然界内也有复杂性和有序程度的增加。这是富有历史意义的尝试，即试图在自然与社会、自然科学与人文科学之间架起一座桥梁。

协同学的方法是：先将有关问题化为数学表达式，对于一般的生物和社会系统来说，这将是问题的难点和重点所在；第二步，写出该系统的广义的金兹堡 - 朗道方程；第三步，运用伺服原理，消去快变量，保留慢变量，找出系统的序参量，最后求解。这是微观方法。在《信息与自组织》中，哈肯结合信息论的研究成果，提出了宏观方法：从系统的宏观状态出发，揭示其微观机理，并运用这种唯象方法处理生物与社会系统。这些无疑是具有伟大远景的科学。它们被评价为“继相对论和量子力学之后又一次改变了世界的科学图景及科学家的思维方式”。

科利赫特教授说：“在太阳底下，终究没有什么新的东西了。”① 虽然有些夸张，但毕竟道出了其深远意义所在。

（三）耗散结构论与模型方法

19 世纪，达尔文进化论与热力学第二定律分别指出了相互矛盾的“时间之矢”，从而造成自然科学与人文科学的分裂。普里高津的耗散结构论不仅为解决这一矛盾指出了新的方向，而且催化出一门崭新的横断科学。

1. 从无序到有序

普里高津的兴趣非常广泛，除自然科学外，他对文学、艺术、哲学、历史、考古等都有浓厚的兴趣。在学校里，他惊讶于自然科学长期以来忽视了时间、历史和演化。这种困惑促使他研究热力学问题。因为热力学中最重要的概念是熵，而熵意味着演化。研究的结果使普里高津意识到：结构根植于不可逆的时间流向，“时间之矢”在宇宙结构中是一个重要因素。在结构演化中，不可逆性起着建设性的作用。由于这些富有革命性的成果，他于 1977 年获得诺贝尔化学奖。从普里高津开始，科学由研究存在进入到研究演化。未来学家托夫勒把普里高津比作牛顿，并认为即将到来的第三次浪潮是普里高津的时代。

普里高津研究了远离平衡的非平衡状态条件下出现的新的自组织现象，如著名的贝纳德流。这种研究导致普里高津在 1969 年“物理化学”国际会议上提出了“长程关联”的概念：整个

① H. 哈肯著，郭治安等译：《信息与自组织》，四川教育出版社，1988 年版。

系统中所有分子都参加到有序的震荡过程，它们的瞬时通信使各部分之间保持明确的相位关系且协调一致的行动，从而导致新结构的出现即系统的有序化。而这一有序化程度的增加需要耗散外界的能量，故名"耗散结构"，即对热力学第二定律的违背是以系统周围环境的熵增为代价的。这一研究结果使得耗散结构论与后来的协同学理论一起汇入自组织科学的洪流。

2. 耗散结构的基本概念

第一个概念是有序结构。它不包括平衡结构，平衡结构是微观粒子规则排列形成的宏观不变结构，如晶体、冰等。有序结构是指活结构，它是由微观上每个子系统不停运动而形成的宏观稳定结构。它的特点是：空间有序；时间上结构周期振荡；同时，具有时空结构与功能结构。

第二个概念是对称破缺。对称性是指系统状态在某一操作或变换下保持不变，如贝纳德流在上下温差未达到某一特定阈值时，具有水平方向上对于平移变换的对称性。当出现贝纳德花样时，此对称性不再存在，即发生了对称破缺。当系统处于均匀分布的无序状态时对称性最高，一旦有序结构出现，对称性即降低。因此，可用对称性高低表示系统的有序化程度，亦可将对称破缺的出现看做系统出现有序结构的一般性标志。

第三个概念是自组织。它指系统无需外部指令而自行创生新的组织并自行演化，即能自主地从无序走向有序。协同学也指出，在子系统之间的相互竞争中，出现一种或几种趋势优势化，最终形成一种总的趋势（称做序参量），从而支配系统从无序走向有序，或从有序程度低的状态演化到有序程度高的状态。

第四个概念是涨落。从系统的存在状态看，涨落是对系统稳定的平均状态的偏差；从系统的演化看，涨落则是系统演化过程中的随机性非平衡因素。涨落的发生是不确定和无法精确预见的。"通过涨落达到有序"是当代自组织理论的基本结论。因为涨落驱动了系统中各个子系统在获取物质、能量和信息方面的非平衡过程，是系统进化到更为有序状态的诱因。

第五个概念是分叉。从无序到有序的转换过程称为分叉过程，分叉点为系统状态发生突变的临界点。分叉使系统的演化呈现为越来越复杂的树状结构。分叉形象地表现了系统相变的物理图像，在数学上用微分方程定态解的稳定性变化，来表示分叉点前后系统状态的变化情况。

3. 产生耗散结构的条件

首先必须是与外界有物质、能量或信息交换的开放系统，这是必要条件，是不言而喻的。但是，外界向系统的输入不能进行特定的“干预”，不能只给予系统中的某一要素或某一部分，更不能向系统内部输入特定的指令。因此，外部环境只能是条件，系统新结构的形成和维护完全靠系统内部的相互作用，也就是系统的自组织。

第二个条件是非线性相互作用。只有在非线性相互作用下，系统内部的各种相互作用才会发生关联，形成协同，系统才能产生整体行为，并使系统的局部的小涨落得到放大，从而推动系统向新的有序结构演化。

第三个条件是远离平衡态。这是对系统开放的进一步说明，只有把系统从近平衡区推向远离平衡的非线性区，才会使系统的失稳进一步放大，产生自组织结构。

4. 耗散结构中模型方法的运用

首先，为了探索远离平衡条件下系统的行为，普里高津分别采用了二分子模型与三分子模型。

对于二分子模型，以化学反应为例，可用线性稳定性方法证明一个对二分子模型很有用的定理：

汉努斯（Hanuss）定理：只包含两种中间产物的化学反应，其反应的每一步只有单分子或双分子参加，则该系统不能围绕一个不稳定的结点或焦点形成极限环。

该定理说明，若系统简化到只有两个元素，则很难出现非线性相互作用，从而生成新的有序结构。

三分子模型仍以化学反应为例，即是以普里高津为代表的比利时学派的“布鲁塞尔子”。令 X、Y 为反应的中间产物，A、B 为反应物。此模型假定 A、B 供应充足，使其在反应中不断消耗的情况下仍然具有所需浓度。D、E 为生成物，在反应过程中不断取走多余的生成物，使反应正常进行。K_1、K_2、K_3、K_4 为各个反应的催化剂，它们数量的多少直接影响反应的进行。通过计算机可以得到布鲁塞尔子的时间振荡解。计算表明：对于均匀系统，只要适当控制布鲁塞尔子反应物 A、B 的浓度，就能观察到随时间周期变化的有序结构。

若空间不均匀，存在一维扩散情况，则系统失稳，从均匀的无序状态变为有序的耗散结构状态。

可见，和哈肯一样，普里高津在探索耗散结构理论时，所采用的关键步骤仍然是理想化的模型方法。

（四）复杂系统的两种模型描述

从隐喻到模型是复杂系统研究走向成熟的标志；同时，对复杂系统的描述也必定受到所用模型的影响。在本节中将讨论“我们如何模拟复杂性”这个问题的两个可能的答案。两种方法都既能够在科学上被模拟，同时也都有自己的哲学信念。由于这两种模型（特别是关联论模型）对于研究复杂性理论与“突现论”的非同寻常的重要性，因此我将多花些笔墨介绍这两种模型，并比较它们的优劣。①

1. 形式化系统模型（基于规则的模型）

① 关于两种模型的优劣及其比较可参见 Paul Cilliers 教授的《Complexity&Modernism》，1998 年。Cillers 教授强烈偏爱关联论模型，但我认为两种模型存在许多类同与可比之处。

此模型来源于对人工智能的研究。

过去几十年来计算机科学的令人瞠目结舌的进展，使“计算机能否代替甚至超过人类”的讨论在世界范围内风靡一时。这一领域开始被一种巨大的乐观性所笼罩，继而又冒出关于人类被机器奴役的可怕灾难的种种耸人听闻的预言。这两种情绪都基于对人工智能所取得的成就的过分夸大的判断上。迄今为止，人工智能最吸引人的成就仍然是以缺乏灵活性而著称的专家系统。而在智能的根本特征方面，如感知、运动与运用语言等，还没有任何一台计算机能稍微接近人类。

人工智能的理论基础来源于对人类智能本质的认识。争论的焦点在于：人类智能究竟是否能够形式化？或者，形式化是否人类智能的本质？我的回答是否定的。我认为一组运算符号与逻辑规则无论如何也不能代替复杂多样、充满灵动性与创造性的人类智能。

以语言哲学家们喜欢的“中文小屋”为例（其被称为“塞尔的中文小屋”，由当代语言分析哲学家塞尔第一次提出）。每往小屋中输入一个中文单词，小屋中的爱丽丝便应用一组对应规则将它与一个英文单词相对应。假设爱丽丝还拥有一组规则（语法规则）将各种排列的中文单词与一定排列的英文单词相对应，这样，每输入一句中文，爱丽丝便能输出一句相应的英文。在这个过程中，爱丽丝除了机械地使用各种规则外，什么也不知道，那么，能否认为爱丽丝“懂”中文呢？人工智能的支持者的回答是肯定的，我的回答则是否定的。这里的问题很复杂，涉及意识的本质以及“心—身关系”等一系列哲学家们一直争论不休的话题。以纯粹操作主义（行为主义）的眼光来看，爱丽丝似乎是“懂”中文的，因为她在上述实际操作中很好地完成了翻译的任务。但我认为，行为主义在许多方面遇到了无法摆脱的困境。比如，在上述例子中，爱丽丝对中文的“理解”肯定与一个母语是中文的人对中文的理解完全是两回事，如同普特南指出的，前者与沙滩上的蚂蚁偶尔画出丘吉尔的画像没有什么分别。

我首先指出形式化系统的不足之处，并不意味着我否认形式化系统的重要性。我高度评价人工智能与形式化模拟的伟大意义。它不仅模拟而且确实代替了人类智能的某些形式化部分，这无论从哪方面来说都是人类引以为傲的成就。现在让我们来看一看形式化符号系统的基本特征。

一个形式系统包含一系列的符号与信号，像游戏的碎片。这些符号可以通过一组规则（比如棋类规则）被组合进模式中。某个运动的符号构造包含系统的一个“状态”。一个特定状态会激活系统的可运用的规则，并将系统从一个状态转入下一个状态。如果控制系统行为的这组规则是精确的并且是完整的，人们便能够检验系统的哪几种可能状态是允许的。

假设我们现在拥有一组符号，下一步便是让这些符号“表征”某种东西，这便涉及表征问题。比如，如果每个符号代表语言中的一个单词，那么系统规则（语法）将决定单词在（形式）语言中的几种可能的组合。系统允许的状态被翻译成语言的有效句子。符号的解释，即系统的“句法”，独立于控制系统的规则之外。同一个语法层次可以被应用于不同的实际的形式系统，如果这些系统是逻辑上同一的。

形式系统可能非常简单，如一般的游戏规则；也可能非常复杂，如数字计算机。我们发现不同类型的图灵机与不同类型的形式语言——比如，乔姆斯基用来修正日常语言的那种形式语言——是等同的，这再次印证了第一节提到的脑模型与语言模型之间的同一性。

形式化符号系统是探索复杂性模型的经典方法。复杂系统的行为被简化为能够正确描述系统的一组规则。问题在于如何发现那些规则，如果它们存在的话。在转向另一种方法之前，我们先归纳形式化符号系统的主要特征如下：

（1）包含规则的符号系统在一个抽象的（句法）水平上模拟复杂系统。符号直接被用来表达重要概念。这种方法可以使复杂系统的暂时的方面，即执行过程中不必要的细节被忽略。模型包含符号之间的一组逻辑关系（生产规则）。

（2）规则被中心控制系统所控制，即所谓系统的元规则。这个控制系统决定了在计算的每一个阶段，哪种生产规则起作用。如果中心控制失效，则整个系统便失效了。

（3）每个概念都有一个符号与之对应，或反之，每个符号代表一个特定的概念。这是所谓的局部表征。表征理论是心灵与语言的形式化解释的中心。

在强人工智能的支持者与弱人工智能的支持者之间存在着分歧：前者宣称形式系统能够为人类智能的所有方面提供适当模型，后者则认为它仅仅是有力的工具。这里提到的“表征”概念是一个非常重要的概念，它是复杂系统的特征之一，在关联论模型中也起着举足轻重的作用。

2. 关联论模型

此模型来源于对人脑的模拟。

讨论复杂性问题时，有两类系统占有重要地位：人脑和自然语言。这不仅仅是因为其结构的复杂性，也因为人脑处理复杂问题的能力。比如，人脑如何完成像运用语言和拉小提琴这样的复杂任务？这类问题促使我们模拟脑本身。

从严格功能主义的观点看，脑无非是有丰富相互作用的神经元的巨大网络。每个神经元可看做计算输入之和的简单的处理器，输入一旦超过了一定的阈值，便产生一个输出，而这又变成了和当前神经元有关联的所有神经元的输入。每个关联由神经键传导。神经键引起输入信号，或者激发或者抑制神经元，并决定其作用的强度。比如，从感觉器官输入的信息，通过这种方式处理后，传导到脑的其他部位，产生特定反应，如肌肉的运动。

这个层次上的脑运动可由相互关联的节点组成的网络来模拟。每个节点接受输入，产生输出。输出由节点的转化功能决定，它无疑是非线性的。任意两个节点之间的关联（神经键）有某种“权重”，它可正、可负，决定节点A对节点B作用的强度。对任何特定的关联，信息只向一个方向流动，但A和B之间的关联总是有两种——从A到B和从B到A。任意节点也都与自己关联，或者直接与自己相关，或者通过其他节点与自己相关。

这样的网络如何处理信息？如果某些节点作为输入节点，即从外界接收信息，某些节点作为输出节点，则网络能够“处理”输入并产生输出。输出值由两个因素决定：输入值和网络当前的权重。例如，输入可能来自视网膜的光感接收器，那么输出便与灯相联系。随着网络权重的适当取值，系统能够感觉明暗而决定灯光的强弱。同样的网络，随着权重（与感受器）的不同，也能完成一系列的其他任务，包括变化与趋向的识别。

十分清楚，网络的性质由其权重决定。关键的问题是：不同的权重值从何而来？我们希望找到一个不需要设计者的系统模型，一个自组织的系统模型。

让我们看看一旦变黑便开灯的网络的例子。起初网络未经训练，网络权重取任意值，不能完成任何任务。要训练网络，必须在每次变黑时都（由外部主体）打开灯。当灯被打开时，网络的输出神经元被激活，这将自动连接到相关输入，或者连接到网络（在没有输入的时候）。一旦变亮，灯被关闭，网络将不同的输出与不同的输入值相对应。这样循环重复多次，网络将在没有外部干预的情况下自动调整内部权重。经过训练后，网络自己能够完成所要求的任务。同样的原理可用来“教会”网络进行完全不同的工作，如在气候干燥时放磁带，或者识别某人的声音。

法默也提出了系统突现的“关联论”（Connectionism）。这个概念的意思是一个由“连接物”相连的“节点”网络所代表的互动作用者群。在神经网络中，“节点—关联物”结构是非常明显的。节点就相当于神经元，而关联物就相当于连接神经元的突触。①

既然节点非常简单，网络的整体行为几乎完全就是由节点之间的相互关联来决定的，或用朗顿的话来说，相互关联中编入了网络的泛基因型密码。在这种情况下，很显然，力量确实存在于关联之中。“神经元”基本上也只是开开闭闭的开关，然而它们却能仅仅通过相互作用就产生令人吃惊的复杂结果。所以，如果要改善这个系统的表现类型，只消改变这些节点之间的相互关联就行了。法默认为，可以通过两种方法来改变这种相互关联：第一种方法是让这些关联还呆在原地，但改善它们的“力度”，这相当于霍兰德（Holland）说的“采掘式学习”；第二种更为彻底的调整关联的方法是改变网络的整个线路布局，摘除一些老的关联点，置入新的关联点，这相当于荷兰德说的“探索性学习”，即为获得大成功而做大冒险。实验中，神经网络确实能够通过学习而重新布线。

简而言之，关联论的概念说明，即使节点和单个作用者是毫无头脑的死物，学习和进化的功能也能突现出来。这给我们的启示是：重要的是加强关联点的力度（权重），而不在于加强节点的力度，这便是朗顿和人工生命科学家所谓的生命的本质在于组织，而不在于分子。这一概念同时也使我们对宇宙中生命和心智从无到有的形成和发展，有了更深刻的了解。

在此对关联论模型作出总结：一个相互关联的神经网络

---

① Paul Cilliers：Complexity&Modernism，1998，p. 122—123.

（能够被数学地模拟），在个体神经元的层次上没有表现出明显的复杂行为，但神经系统却能够完成特殊的复杂任务。复杂行为从许多简单处理器——它以一种非线性方式对局部信息作出响应——的相互作用中突现出来。

需要指出的是，这里阐述的关联论模型，似乎仅仅是定性的，而且与巴甫洛夫曾提出过的“刺激—反应”模式类同，但它却由几位研究者给出了数学公式。阻碍神经元网络模型发展的主要问题是缺乏将神经元权重置于网络中心位置的数学模型，而不是直接与输入或者输出相连。这个问题在20世纪70年代已经由几位研究者各自独立解决了。由于涉及高深复杂的数学问题，在此不作详细介绍。

（五）两种模型描述方法比较

两种探索复杂性的方法都有很强的支持者。基于规则的模型方法由人工智能的研究者、乔姆斯基学派的计算语言学家、认知科学家，特别是那些坚持心灵的表征理论的科学家所采纳。关联论由那些无法精确定义的、交叉学科的神经学家、心理学家以及工程师所支持。反对关联论的人中，有人将关联论作为简单的错误而放弃，有人则全部或者部分地将它归入第一种形式化系统模型的范式。显而易见，关联论模型与形式化系统模型至少存在如下几点区别：

1. 形式化模型将计算机看做操作思想符号的系统，关联论模型则把计算机看做建立大脑模型的手段。

2. 形式化模型试图用计算机来描摹对世界的形式表述，关联论者则试图用计算机模拟神经元的相互作用。

3. 形式化系统的每一个符号都有明确的、预先规定的意义，这包括局部表征；而在关联者网络，单个神经元没有预先规定的意义。几个节点行为的变化的模式完成了有意义的功能——这就是所谓的“分布式表征”。

4. 形式化系统把对问题的求解作为智能的范式，关联论模型则把学习作为智能的范式。

5. 形式化系统主要利用逻辑学（特别是现代数理逻辑）的成果，关联论则主要利用统计学的成果。

6. 在哲学上，形式化模型是理性主义、还原论传统的继承者，而关联论模型则主要是理想化的、整体论思维的继承者。

这样，相对于形式化符号系统来说，关联论模型的“分布式表征”有以下三个优点：

1. 本质上具有构造性的特点；

2. 具有自动概括新情况的能力；

3. 具有适应变化环境的能力。

但柯仑（Kolen）与哥尔（Goel）指出，关联论模型有以下三个不足之处：

1. 关联者网络不能表征高阶关系。这种表征上的贫乏导致它不能概括高阶关系，因为网络只能学习它能够表征的东西。

2. 关联者的学习方法是“脆弱的”，因为它不能应用于被模拟的领域的外部的或者推理的知识。专业知识必须由设计者“硬性”输入网络。

3. 关联者的学习方法不能反映它们所从事的任务的结构，同样的学习方法能够被用于完成完全不同的任务。①

第一点和第三点是相互关联的。争论涉及到“强表征理论”是否成立，即关联者网络是否必须表征的问题。“强表征理论”的支持者宣称：存在一个抽象的、高于任何现实的“信息处理”层次，无论现实是符号的或者是关联者。“解释的威力”正是居于这个抽象的层次上。这些支持者宣称关联者必须表征，而表征是“分布式的”这个事实完全无关紧要。这里的问题在于，前

① Paul Cilliers：Complexity&Modernism，1998，p. 97.

提本身需要证明。如果一旦有相反的意见，认为表征的分布式性质至关紧要，那么整个表征概念就被摧毁了。这样，“关联者网络不能表征”这个事实反而变成了明显的优势。第三点反对意见，即关联论模型太一般化，不能反映问题的“结构”。结构不能被反映，是因为它不能用符号项明确表达出来——这仍然是表征问题。如果不坚持“强表征理论”，那么“同一个网络能够被教会完成‘非常不同’的任务”这个事实不是其弱点，恰恰成为这种方法力量的“表征”。至于第二点，即专业知识必须由设计者“硬性”输入网络，恐怕不仅仅是关联论模型的缺陷，而是整个人工智能无法克服的局限性。

值得指出的是：P. 丘奇兰在《认知神经生物学中的某些简化策略》[①]一文中，提出了建立一个新模型的尝试。它与形式化模型和关联论的构造体系不同，含有按照特定大脑结构作出模型的一些相互联系的神经元层，它的作用不是符号加工或达到平衡，而是进行坐标变换。“状态空间分层结构”这一基本思想出现在论述各种感觉“二维至二维变换”的神经科学著作中。能够定义多维状态空间的、更抽象的“神经矩阵”也已形成，它可用于解释小脑是怎样计算运输与协调的。这一计算机科学的最新动向值得我们密切关注。

（六）评论

在我看来，无论是形式化系统模型，还是关联论模型，都有各自的优势和劣势。它们分别是对自然语言和人脑的模拟，可以把它们作为建构认知模型的两套不同类型的工具。不同的任务执行起来或易或难，这主要取决于我们采用哪一类系统。如果我们采用以规则为基础的形式化系统模型，那么典型的推理任务就很

① 玛格丽特·博登编，刘西瑞、王汉琦译：《人工智能哲学》，上海译文出版社，2001 年版，第 495 页。

容易完成，因为大多数推理模型是从逻辑的工作中派生出来的，因而是以规则为基础的。另一方面，也有极不相同的任务，诸如模式识别，似乎更容易在关联论模型的框架中予以处理。两种模型是从不同的角度对复杂系统进行描述，在复杂系统的理论研究与实际运用中都有着重要的、不可替代的意义。复杂系统的未来研究方向并不是对两种模型的“整合”，而是两种模型交替并用，以多元视角科学地揭示复杂系统的本质。当然，这涉及许多重大的理论问题，尚有待进一步深入研究。

第三节　突现问题

一、突现论的理论背景

当贝塔朗菲、哈肯、艾根、普里高津分别在各自的领域不约而同地发现了系统论与整体论的伟大思想而在科学界和哲学界闻名遐迩的时候，这些新思想的先驱们所关注的焦点仍然是复杂系统的整体性与自组织性。“突现”概念还很少被提及。贝塔朗菲在他的《一般系统论》中偶尔提到“吸引子是一种突现”，这是天才的猜测，可惜他没有展开。哈肯的“协同学”来源于光学领域对激光形成机理的探讨。激光是大量子系统的协同作用在宏观上的整体效应，这本质上是一种突现机理。但哈肯当时关注的却主要是系统的自组织效应。普里高津的分岔点理论初步探讨了参数变化时某些定性性态改变的路径和契机，但他也没有明确提到“突现”概念。艾根的超循环论研究生化反应中的自催化循环，在此过程中系统不断地从低层次向高层次跃迁，这也是一种“突现现象”。但当时所有这些理论都统一在系统自组织理论的名称之下。

然而，随着20世纪60—70年代混沌、突变和分形理论的出现，自然界与社会的突现现象引起了人们的广泛注意。

（一）混沌理论的诞生

1963年，气象学家洛仑兹利用牛顿定律建立了温度和压强、压强与风速之间的关系，并且在计算机上进行模拟实验，因嫌那些参数小数点后面的位数太多，输入时很烦琐，便舍弃几位，尽管舍弃部分看来微不足道，可是结果却大大出乎洛仑兹的预料：该气象模型竟与原来的大相径庭，几乎面目全非了。洛仑兹由此断言：长时期的天气预报是不可能的。他风趣地比喻说，这好比在南半球某地的一只蝴蝶偶然扇动翅膀所带来的微小气流，在几星期后可能变成席卷北半球某地的一场龙卷风，这就是所谓的"蝴蝶效应"，是对初始条件的敏感性。但洛仑兹的文章在当时并未引起重视。

首先使用混沌这个词的第一篇学术论文是《周期3意味着混沌》，该文的第一作者是美籍华人李天岩。李天岩曾在美国马里兰大学读博士学位，约克（J. A. Yorke）教授是他的导师。他们共同提出了"周期3则混沌"的理论，并提出奇怪吸引子的概念。该文一出，"周期3则混沌"即李－约克定理，与著名的洛仑兹吸引子一起从此风靡学术界。

所谓"奇怪吸引子"（Strange attractor），是指一个动力系统的轨迹最后被一个奇怪（造成混沌）的吸引子吸去了。也就是说，我们若追踪轨迹的路线，最后会趋近于一个混沌的状态，似乎毫无规则可循。最典型的例子就是前述洛仑兹吸引子。后来发现，"奇怪吸引子"到处都是，各个领域都有。这个混沌的现象，不是人为计算上的错误或是误差所造成的，而是系统内部特性即内在随机性或动力随机性所致。

其实，李－约克定理只是早就出现但却久被埋没的沙可夫斯基定理的一个特例。早在20世纪60年代，苏联一位不知名的学者沙可夫斯基在一些鲜为人知的数学刊物上发表了一系列论文，证明：设$f(x)$是区间到区间自身的函数，又设在沙可夫斯基序列中m位于n之前，那么如果$f(x)$有m个周期点的话，则它一定也有n个周期点。李－约克定理之后，人们才又重新发现沙可夫斯基的论文的重要价值。

插图4：费根鲍姆（Feigenbaum，1944—），著名的混沌理论家。在对混沌系统的研究中提出著名的费根鲍姆常数。

另一个值得一提的成果是普林斯顿大学生物系的梅（R. May）教授，他在对奇怪吸引子图像的长期研究中，提出了一个关于混沌的模型，这是现代混沌学的最重要的先驱性工作。1978年美国的物理学家费根鲍姆（Feigenbaum）利用梅的模型发现了从倍周期分叉进入混沌的道路，并获得了具有重要意义的一些普适常数，这引起了数学物理学界的广泛关注。费根鲍姆抓住了普适性与标度律，从而成为混沌研究的中心人物，并使混沌科学确立了自己的牢固地位。从此，费根鲍姆的名字与混沌学连在一起，几乎家喻户晓。

经济学界也刮起了风暴。1987 年 10 月 19 日，一个让美国股市永远难忘的“黑色星期一”。这一天，道·琼斯股票平均指数猛跌 508.32 点，损失了价值为 4790 亿美元的财富。这次股市风潮虽然没有影响美国的经济增长，却再次动摇了经济学界对古典经济学的信心。古典经济学是一种平衡、静态的经济学。按照新古典宏观经济学及经典的高效市场理论，股票市场的波动是由偶然的、无法控制的外来扰动如战争等突发事件引起的。然而，“黑色星期一”前后，美国的分析家们费尽心机也找不到明显的外部原因。股市下跌的巨大幅度及时间序列的高度相关性清楚地表明：这是一种非线性效应。世界性股市暴跌震惊了经济学界，一些富于创新思想的新经济学家开始试图应用混沌理论来研究、分析复杂的金融市场的混沌行为；一些自然科学家对此也饶有兴趣，其中包括诺贝尔经济奖获得者阿罗，数学家、分形理论的创始人曼德勃罗等人。原来一些持反对或怀疑态度的权威经济学家，也在这次事件中迅速改变姿态，转而支持非线性经济学的研究，包括诺贝尔经济奖获得者萨缪尔逊、西蒙等人。现在，经济学家们不约而同地认识到的一个真理是：股票市场是经济领域中财富与信心升降变化最明显的窗口，是公司金融和公众心理最敏感的交汇点。它的特点是在活动中形成趋势与构型，然后又在其活动中自行加以破坏。股市对细微的紊乱特别敏感，所以它的变化往往伴随着大起大落，而这正是混沌系统最突出的特征。混沌吸引子在伸长与折叠的奇特操作中，将微观尺度上的微小涨落很快就放大到宏观尺度上表现出来。股票市场交易的细微活动能够触发大规模的巨变行为，说明经济系统与自然界的复杂系统一样，都是微观力量与宏观力量共同作用的结果。地球大气运动是由无数分子的相互作用而产生的，金融市场的大规模变化也是由千百万宗买进卖出的单个细微交易产生的。只要一进入混沌态，单个成分加在一起，奇特的意外结果就会发生，从而引起多米诺骨牌倒塌那样的效应。混沌理论进入经济学是非线性经济学正式诞生的标志。

（二）分形理论的诞生

19 世纪 60 年代，哈佛大学一位经济学教授胡萨克尔把 8 年前的棉花价格画了一张图。按照以往的价格理论，短期内价格应当有许多随机的小变化（或小波动），长期看，价格恒定地受经济中的真实力量所驱动。但是，这次却很出乎教授的意料之外：短期价格中大的上涨太多，虽然大多数的价格的变化是小的，但小的变化与大的上涨的比值与预期想像不合，这种分布令下降不够快，它有一条长长的尾巴，不再符合正态分布。

分形理论的创始人曼德勃罗对此产生了浓厚的兴趣。他把棉花价格的数据输入电脑进行分析后发现，每一天价格变化的曲线与每一月价格变化的曲线完全匹配。更不可思议的是，他从曲线上发现：在发生了两次世界大战与一次萧条的 60 年周期里，棉花价格的变异程度竟然保持不变——在极为无序的大量数据的内部竟然存在着一种未曾想到过的序！

无独有偶，通讯中也发现了类似的现象。尽管通讯的噪音从它的本质来说是随机的，但是它们却是一簇簇出现的，一段无误差之后紧跟着是有误差的段，但你永远找不到一段，其中误差是连续分布的，即在任一有误差的段内，不管这段如何短，总存在着无误差的段。另外，在有、无误差段之间，存在一种始终如一的几何关系，即段与段之比是常数，这就是著名的“康托集合”。

曼德勃罗认为，这些惊人的相似性绝非随机，也非偶然。他敏锐地发现了这些古怪的形状的深刻的科学和哲学意义，它们是了解事物本质的钥匙。它使我们平常看似熟悉的世界展现出惊人的丰富与无比的奇妙！

插图 5：曼德勃罗（B. Mandelbrot，1924—），分形理论的创立者。他在数学上首次提出分数维概念，他的分形理论揭示了自然界奇妙的自相似性。

比如，一个毛线团是几维？这个问题并不像我们想像的那样容易用一句话来回答。事实上，它不止一个答案。在由很远的地方去看毛线团是一个点，是零维；近一点看，是一个圆球，即三维；再近一点看，它是由一根毛线团成的，因而是一维的，只不过这一维的线自相环绕成为近乎三维空间的事物。如果再把毛线团用显微镜放大，毛线变成了三维的圆柱。而这圆柱又由纤维组成，纤维可看成是一维的。继续下去，实体材料变成点，它们又是零维的。

还有一个著名的问题：英国的海岸线有多长？回答也是一样，即取决于你观察的视角。当所有的细节，如岩石、砾石、尘粒，甚至分子，都被包括进来时，真正的海岸线必是无穷长的。

分形几何学突出了物体与观测者之间难以化解的纠缠关系，这与20世纪重大的科学发现——相对论与量子力学是一致的。爱因斯坦的时间理论表明，观测者与被观测者之间是相互关联的，量子力学更是引进了“测不准原理”以及微观粒子与测量仪器的“不可消除的相互作用”。海岸线长度和毛线团的维数取决于我们所选取的、作为尺度的量，观察距离或测量方法的不同就会使毛线团维数或海岸线长度发生变化。基于这个革命性的发现，曼德勃罗在数学里大胆地引进了分数维，这是当之无愧的数学领域里的一场革命。分数维成了测量一些用别的方法无法定义的性质的手段，如不规整程度、粗糙程度或破碎程度、扭曲程度等。曼德勃罗采取有效分维作为定性测度，它是一种对物体相对复杂度的测度。

人们通常认为，复杂形式总是由复杂过程生成的，比如人体的复杂性被认为是极端复杂的生长发育指令的具体表现。但是，分形一方面高度复杂，另一方面又特别简单。之所以复杂，是因为它们有无穷精致的细节和独特的数学特征（没有两个分形是一样的）；然而，它们又是简单的，因为可以连续不断地应用同样一种简单的迭代操作来生成它们。

分形的自相似性在数学上又被称作“内齐次性”——即在通常的几何变换下，分形具有不变性。分形内部任何一个相对独立的部分，在一定程度上都是整体的再现和缩影，这类似于全息摄影。自相似性就是跨尺度的对称性，它意味着递归，在一个花样内部还有这同一个花样，不论在怎样的放大倍数下看，都是一样的。它本是在越来越小的尺度上反复进行同一变换所形成的，好比层层相叠的中国式套箱。"一粒沙里有一个世界，一朵花里有一个天堂。"一个著名的美国果酱的广告瓶的图案设计，就应用了这种分形结构：瓶上画着一个戴白帽的厨师用手指着一个较小的相同的果酱瓶，而这个较小的果酱瓶里，是一个更小的厨师用手指着一个更小的相同的果酱瓶……如此循环往复。

分形还与奇怪吸引子密切相关。在相空间图中，奇怪吸引子由代表系统的点刻画出来。在运动过程中，系统点以无穷的复杂性在相空间里折叠再折叠，于是奇怪吸引子是一种分形曲线。可以说，哪里发现了混沌、湍动和混乱，分形几何学就在哪里登场。

这暗示了一个相当惊人的结论：我们所研究的混沌与湍动必然同山脉、云朵、海岸线，如同肺、神经系统、血液循环等自然界的有机体形式，起源于同样的潜在过程。它们都出自一种分形序。

戴森（F. J. Dyson）教授充分认识到这一发现的伟大意义：

> 分形这个词是曼德勃罗发明的，他把那些在纯数学的发展中起过历史性作用的一大类对象放在一个标题下。19 世纪的经典数学与 20 世纪的现代数学为一个巨大的思想革命所分隔。经典数学扎根于规则的欧几里得几何结构和牛顿的连续演化动力学。现代数学开始于康托（G. Cantor）的集合论和皮亚诺（G. Peano）那充满空间的曲线。在历史上，革命的出现是由于发现了不适合于欧几里得和牛顿模式的数学结构。这些新的结构曾被看做是"病态的"……是"怪物的画廊"，是立体派

绘画艺术和无音调音乐的近亲。因为它们在几乎相同的时期内破坏了艺术中固有的欣赏标准。创造怪物的数学家们认为这些怪物是重要的，因为它们说明了纯粹数学世界包含着远远超过在自然界中能看到的简单结构的巨大可能性。20世纪数学的繁荣在于它相信完全超越了由自然根源所加的限制。

……

现在，正如曼德勃罗所指出的，……大自然同数学家开了一个玩笑。19世纪的数学家也许缺乏想像力，然而大自然却并非如此。与数学家为了逃脱19世纪的自然主义而发明的结构相同的病态结构，却是环绕我们的熟知物体中所固有的。①

（三）突变理论的诞生

我们在自然界和人类社会中无数次观察到各种渐变与突变现象，诸如水沸冰溶、弹性结构的塌陷、冲击波的形成、散射、火山地震、胚胎中胚囊的形成、心搏、神经冲动的传播、旧物种绝迹、新物种纷呈、岩石断裂、滑坡、人的休克至死亡、单组份体系相变、经济危机等，又如舟覆机坠、古城兴衰、工厂倒闭、改革维新、政权更迭、战争爆发等，这种由渐变、量变产生突变、质变的过程是到处可见的。

“突变”（英文 catastrophe，源于希腊语 katastrophe）也可译成“灾变”。灾变这个词最早是被居维叶引入生物学领域，用来说明在地层的断裂、古生物的灭绝和大陆海洋的变迁等过程中发生的突变现象，居维叶是达尔文时代法国最博学的人之一，“比

① Freeman Dyson，Characterizing Irregularity（刻画不规则性），Science，May 12，1978，Vol. 200，No. 4342.

较解剖学”的创立者，对古生物学的建立和发展做出了重要贡献。居维叶对各个地层中的化石做了长期的观察之后指出：地球上曾发生过几次突变，巨大的灾祸曾一次又一次地毁灭了地球上的老的物种，随后大自然创造了新的物种。

在生物学中，从达尔文进化论到DNA分子模型的建立，也充分证明了突变是一个生物学领域客观存在的事实。

生物学在对变异的理解上，长期以来一直是“必然论”占据统治地位，认为偶然性是主观的，仅仅存在于我们的主观意识当中。然而，这只是一种可怜的安慰而已。大量事实证明，生物性状中大量存在的差异现象是由于偶然和突变在其中起着主导的作用。这一新的认识有力地冲击着旧有的思想观念。

在生物学突变研究的最初阶段，突变的概念还十分模糊，甚至突变一词也很少被使用，生物学家们企图在环境变化与性状变化之间直接寻找联系。这一阶段的主要工作是确定了遗传变异与非遗传变异、数量性变异与质量性变异、表型变异与基因型变异的区别。第二阶段是从德·弗里斯突变理论的提出到确定等复位基因的存在。这个阶段的主要工作是正式确立了突变概念，明确了生物性状变化的不连续性质，并认识到突变是生物遗传性变异的基本特征。第三阶段是从缪勒的人工诱变开始到沃森·克里克DNA分子模型的建立。这是一个突变理论蓬勃发展、成果累累的阶段，出现了自发突变、诱发突变、突变率、突变频率、突变谱宽度等一系列概念理论，基本弄清了生物性状突变的部分原因。这是突变理论研究的最新阶段，即现代阶段。显然，突变是跨越遗传物质和生物性状两个不同层次间的概念，它与生物性状的渐变概念相对立，但真正的基础在遗传物质的变化（连续的或不连续的）这边。

数学上的突变理论是由法国数学家勒内·托姆提出的。他于1951年在巴黎大学获国家博士学位，1954年首创“协边理论”，

插图6：托姆（R. Thom，1923—），法国数学家，数学突变理论的创立者。他详细研究了有7种变量的突变模型。他的突变理论为质量互变规律提供了具体的数学模型。

1958年获4年一度的最高数学奖菲尔兹奖。他自20世纪60年代起潜心研究突变现象，并在1968年发表了他的有关突变理论的第一篇论文——《生物学中的拓扑模型》，又在1972年出版的《结构稳定性和形态发生学》中系统地阐明了突变理论。

突变论有严密精巧的数学结构。托姆探讨的是三个外部参量的简单情况，共7种初等突变。他喜欢列举的例子是：狗受攻击时在愤怒与恐惧两种状态下的转变，这是一种较为典型的在两个平面之间发生的突变。当然，对于一般的突变理论来说，绝不仅仅只有7种简单的初等突变，而是有数学上极其复杂甚至是无限多样的突变形式。托姆说：

最后，被认为科学上有意义的现象的选择无疑会有很大的任意性……企图通过使用所有可操作的技术手段，来对所有实验上可接受的状态进行整理，绝不会有错。然而，人们可以合理地提出一个问题：有多少习以为常的现象却来自艰深的理论？比如古老城墙的裂缝，飘荡云彩的形状，一片枯叶的凋落，一杯啤酒的泡沫……谁会知道，对这些微不足道的现象作少许数学思考，最终会对科学更加有益？①

托姆的突变论既是自然科学的伟大成就，也是人类深刻的哲学想像力的结晶。他完成了一个前所未有的关于大自然的奇迹：用7种初等突变组合重建了自然现象无限变化的奇异性。

托姆所建议的正是对我们直观知识的一种复兴，或者至少是一种丰富。在他的世界中，正如在柏拉图的世界中，非几何学家不准入内。他们两人都是以他们掌握的数学手段来探索当代的科学大问题。对于柏拉图是宇宙学问题，对于托姆是生物学问题。柏拉图认为，造物主构造万物只需五种正多面体；而托姆则认为，大自然讲述一种以7种初等突变为词汇的语言。②

我们还可以将托姆的理论与康德的“先验范畴”联系起来——7种初等突变就是托姆用来规划自然结构的先验图式。突变理论犹如“上帝之手”，创造了一个多彩多姿的世界：

突变理论是对世界的一种观念，这种观念由来已

①② 伊法尔·埃克朗著，史树中、白继祖译：《计算出人意料》，上海教育出版社，1999年版，第92页。

> 久，是与赫拉克利特一样的观念。对于赫拉克利特来说，斗争、矛盾是一切事物之父，并且他看到世界就是一个相互对峙、无休止变化斗争的舞台。突变理论将此表达为任何形状都是“吸引子”冲突的结果。就其根本来说，我们发现了一种犹如创世日那样纯真无瑕的观念。这是一位伟大学者的壮举，他不仅重新发现了这种前苏格拉底、前科学的世界幻象，并且使我们与之共享。……在这里时空被作为展开突变的场所而获得了巨大意义。①

被牛顿在数学上演绎的开普勒模型完成了一个封闭的宇宙，一个过去、现在和未来无所区别的宇宙（这也包括爱因斯坦的理论）。而突变理论看到的是一个开放的宇宙，其中，未来具有无限的可能性和机会。

二、自然界与社会中的突现

在上述对理论背景的介绍中，已经见到自然界与社会中大量的从混沌中涌现出秩序与从秩序中涌现出混沌的现象，这正是突现理论所要研究的现象。对此，米歇尔·沃尔德罗普在《复杂：诞生于秩序与混沌边缘的科学》一书中的叙述十分生动：

> 为什么苏联对东欧四十年的统治在 1989 年的几个月之内轰然坍塌？为什么苏联自身也在其后不到两年的时间内分崩离析？这些当然与名叫戈尔巴乔夫与叶利钦

① 伊法尔·埃克朗著，史树中、白继祖译：《计算出人意料》，上海教育出版社，1999 年版，第 92—93 页。

的两个人有一定的关系。但即使是这两个人自己，也像是被他们完全无法控制的事件席卷裹挟而不能自已。这是否是因为有某种全球性的、超越个人能量的原因在起作用?

为什么股票市场会在1987年10月的一个星期一这一天之中猛跌五百多个百分点?很多评论将之归咎于股票生意的计算机化。但计算机的应用已有多年，有没有任何答案可以解释为什么股票偏偏在那个特殊的星期一狂跌不已?

根据化石标本的记载，古代物种和生态系统常常稳定地保持了几百万年，而后却在地质期的某一瞬间灭种或演变为新的物种，这是为什么呢?也许恐龙是因为小行星的影响而遭灭绝，但那时并没有那么多的小行星，还有其他因素在起作用吗?

……

原始的液态氨基酸和其他简单的分子是如何在四十亿年前转化为最初的活细胞的?分子是不可能随机地组合在一起的，但生命起源学家却又津津乐道地说，不发生这样的情形是荒谬的。难道生命的起源竟是一个奇迹?抑或是液态氨基酸中有我们至今尚不知晓的原因?

为什么单个细胞在六亿年前开始组合，从而形成像海藻、水母、昆虫，最后到人类这样的多细胞生物体?而人类为什么又要耗费这么多的时间和这么大的力气来把自己组成家庭、部落、社团、民族及各种类型的社会?如果进化（或资本主义自由市场）真是完全由适者生存法则决定的，那么为什么又会发生一些与人际间残酷竞争毫不相干的事情呢?在这个好人经常无法坚持到底的世界上，为什么会有像信任与合作这样的事?为什么尽管有各种各样的情况，但信任与合作不但存在，而且还会发扬昌盛？

达尔文的自然选择论如何解释像眼睛和肾脏这样精妙复杂的结构？难道我们在生命机体上所发现的这些精妙得令人无法相信的组织，真的仅仅是随机进化的偶然结果吗？抑或在四十亿年前还有什么别的、达尔文所不了解的因素在发生作用？

生命究竟是什么？难道生命仅仅是一种特殊而复杂的碳水化合物？还是某种更微妙的东西？我们制造出来的像计算机病毒这样的东西到底是什么？它们仅仅是恼人的生命的仿制品吗？或者，从最根本的意义上来说，它们真是活物吗？

脑子是什么？大脑这个普普通通的三磅重的团块，是如何产生像感情、思想、目的和意识这样不可言喻的特征的？

也许最根本的是，为什么总是有而不是无？宇宙始于大爆炸后一片潮湿的混沌，然而至此开始，就像热力学第二定律所形容的那样，宇宙就受制于某种不屈不挠地趋于混乱、解体和衰败的倾向力。但它同时又无处不产生着结构：银河、恒星、行星、细菌、植物、动物和大脑。这又是怎么回事呢？是因为永恒趋于混乱的强制力与同样强大的趋于秩序、结构和组织的强制力之间有某种抗衡的力量？如果是这样的话，这两种力量是如何同时发生作用的呢？①

① 米歇尔·沃尔德罗普著，陈玲译：《复杂：诞生于秩序与混沌边缘的科学》，北京：三联书店，1997年版，第1—3页。

也许，这里最根本的问题可以归结为：突现是什么？为什么会有突现？这正是我们要着力探讨的问题。

第二章 突现的理论模型

本章试图给出突现概念的定义，并建立突现的理论模型。本章所有的研究都在唯象和定性的意义上进行。

第一节 突现的定义

“突现”一词译自英文 emergence，意为“浮现”、“出现”、“突然发生”。1956 年，艾什比在《控制论导论》一书中对突现作了如下说明：

> 突现这一概念从来没有人明确下过定义，但以下例子也许可以作为讨论的基础：（1）氨是气体，HCL 也是气体。这两种气体混合在一起，结果得到固体——这是两种反应物原来都没有的性质。（2）碳、氢、氧几乎都是无味的，但它们的一种特定化合物糖却具有一种甜味，是三者都没有的。（3）细菌体内 20 种左右的氨基酸都没有繁殖的性质，但它们合在一起（再加上一些别的物质）之后，却具有了这种性质。①

后来，邦格对突现概念下了较为明确的定义：

① 庞元正、李建华编：《系统论、控制论、信息论经典文献选编》，求实出版社，1989 年版，第 474 页。

> 设*X*为一具有*A*组成的*CA*（*X*）系统，*P*为*X*的属性，则有：（1）*P*是*A*组合（*resultant*）（或相对于层次*A*的组合），当且仅当*X*的每一*A*分量（component）都具有*P*。（2）不然的话，即如果*X*的任一*A*都不具有*P*，则*P*是*A*的突现（或相对于层次*A*的突现）。①

戈尔德斯泰因（Jeffrey Goldstein）认为，突现是指在复杂系统的自组织过程中涌现出新的、一贯的结构、类型和性质，相对于它们所出自的微观水平的分量和过程，突现现象被定义为在宏观水平上出现的现象。②

卡斯蒂（Casti）则把突现定义为来自许多参与者的相互作用的整个系统行为，它不能从系统中单个分量的知识中被预测甚至“想像”。③

最近，“新英格兰复杂系统研究会”（NECSI）在其创办的杂志《突现：组织与管理中的复杂性问题》中认为：在复杂系统研究中，突现的概念是用于指似乎不能由系统已经存在的部分及其相互作用充分解释的新的形态、结构与性质的兴起。当系统呈现出以下特征时，作为说明性结构的突现变得日益重要：

1. 当系统的组织，也就是它的整体秩序显得较部分更为重要且与部分不同时；

2. 当部分可以被替换而不同时损害整个系统时；

3. 当新的整体形态或性质相对于已经存在的部分来说是全新的时；这样，突现的形态似乎不能通过部分被预测与推导，也不能被还原到那些部分。

---

① M. 邦格：《科学的唯物主义》，上海译文出版社，1989年版，第27页。

②③ Jeffrey Goldstein, Emergence as a Construct: History and Issues, Emergence: Complexity and Management, 1999. 1.

“新英格兰复杂系统研究会”在网站中宣称：

> 复杂系统的部分之间有复杂的相互作用，其整体行为不能从部分行为中简单导出。部分不能解释整体行为这一共识导致了许多新的概念与方法论，它们影响了所有的科学与工程领域，并被应用到技术、商业甚至社会政策中去。①

美国洛斯·阿拉莫斯国家实验室非线性研究中心主任卡姆贝尔（D. Campbell）博士在研究非线性科学时也涉及到突现现象。他认为，非线性科学没有共同的数学框架（如傅立叶变换），但不同领域里来历不同的非线性现象，却有一些共同的形态和特征，也可叫做范例（Paradigm）。范例为研究非线性问题提供了一种有效方法。他从非线性科学近年的进展中归纳出三个重要范例，即：（1）孤子和相干结构（Solition and Coherent Structure）；（2）决定论性混沌和分形（Deterministic Chaos and Fractal）；（3）模式和复杂位形（Pattern and Complex Comfiguration）。1990年8月，他在希腊的一次纪念亚里士多德23世纪的学术讨论会上说，现在看来，第四个范例将会越来越重要，那就是“适应性和突现行为”（Adaptation and Emergent Behavior）。

所谓“突现行为”，指的是在一个由大量个体组成的系统中自发涌现出来的集体行为。这里有一个很生动的例子，就是蚁群的觅食。每只工蚁只具有如下的职能：平时在巢穴附近作无规行走，一旦发现食物，独自能搬的就往回搬，否则就回巢搬兵；一路上它留下嗅迹，其强度与食物的品质和数量成正比；若其他工蚁遇到嗅迹，就会循迹前进，但也会有一定的走失率，走失率与

---

① 见新英格兰复杂系统研究会的网站 NECSI 主页。

嗅迹的强度成反比。有人做过试验，在离蚁穴等距离的不同方位上各放一堆品质和数量大体相同的食物，人们发现，较小的蚁群搬运食物时的两路兵力大体相等；而足够大的蚁群则会先集中兵力“歼灭”二者之一，只用少数兵力对付另一堆食物。这种做法在客观上是符合蚁群的整体利益的。因为在同一地区可能还有其他蚁群与之争食。那么，是哪位聪明的指挥官在指挥？登纽伯格（J. L. Deneubourg）等人建立了一个蚁群觅食的数学模型，用群体中工蚁的总数 N 作序参量，在一定的临界值 N 上确有分岔点。从此蚁群用于两堆食物的兵力发生对称破缺。可见，蚁群的这种集体行为不是其中任何个体所具有的，这正是为大群体所特有的一种“突现行为”

可以看出，突现概念与贝塔朗菲一般系统论的“整体性”概念的关系十分密切，但突现更是一个演化论的概念，它着意刻画的是从无到有的创生过程（“自创生”）。

简单地说，突现是指一系统新质（未曾有过的结构或其子系统都不具有的功能）作为整体的突然出现的过程。突现的定义必须相应于某个宏观层次。

第二节　突现研究的历史

一、早期突现论：突现进化论

现代意义上的突现概念 100 多年前由英国哲学家刘易斯（G. H. Lewes）提出，基于密尔（J. S. Mill）对原因类型的区分，刘易斯区分了化学反应中的“产物”与“突现”：

> 虽然每个生成物都是“产物”，但我们不能追踪每一步反应，以发现每个作用者的活动类型。在后一种情

> 况下，我建议把生成物叫做“突现”。它是综合作用的产物，但并不显示每个作用者的活动……每个“产物”或者是作用力之和，或者是作用力之差……它们是明显可追踪的……而“突现”……则不能还原为任何一种。①

这里的“突现”概念很类似于现代用法：非线性相互作用导致新的产物，它不能从部分之和中得到充分理解。

刘易斯的术语来源于20世纪20年代在科学、哲学和宗教领域兴起的叫做突现进化论的思潮（我们称它为“早期突现论”，至于现代复杂性理论意义上的“新突现论”，我们稍后再讲）。这个运动的几位主要倡导者是动物行为学家摩尔根（C. L. Morgan），哲学家亚历山大（Samuel Alexander）和布洛德（C. D. Broad），昆虫学家惠勒（W. Wheeler）。那时突现概念被热烈讨论，激发了大多数思想家的灵感，包括哲学家与数学家怀特海（Alfred North Whitehead）。

摩尔根最早在他的著作《直觉与经验》（Instinct and Experience）中用到“突现”这个词，后来他写了《突现进化论》，提到世界是一个进化过程的观点。柯林伍德在《自然的观念》中叙述道：

> 他用“突现”这个词说明较高级的存在不是作为过去事件的一种后果，也不是像结果蕴涵在动因中那样被过去所蕴涵。因此较高级的东西不是较低级的东西的修正和复杂化，而是某种真正地在质上新的东西，它不

① G. H. Lewes，（1875），Problems of Life and Mind，Vol（2），London：Kegan Paul，Trench，Turbner.

> 能用它所出自的较低级的质的意义去解释它，而应当根据它自身特有的原则。C. L. Morgan 认为，生命出自物质，心灵来自生命，但这并不意味着生命仅仅是物质，生物学应当被看做是物理学的一个特例；心灵也不只是生命，心灵科学也不会发展成为生物学并最终成为物理学。不过，C. L. Morgan 的著作是纯描述性的，他没有论证为什么新质的出现要经历一个旧的中间阶段，以及事物为什么以一定的顺序出现。①

在此，还有必要提一下斯玛特（Smart）的《整体论与进化》（Holism and Evolution）一书，在此书中，他试图通过把自然说成是充满着一种趋向整体创造的冲动或自足的个体冲动，来尝试建立突现进化原理。他还试图说明进化的每个阶段，如何以一个新的、更加完善的个体的出现为标志——此个体包含并超越先于它而存在的个体，使之成为自己的一部分。

亚历山大也接受了这个一般的观念，即生命从物质中突现，心灵从生命中突现。他认为，在这两个突现之中，过程的本质是：首先，事物按特定的结构和自身的特性而存在，继而，这些事物将自己组织成一种新的格式，它在整体上具有一种新的结构类型和新的质的等级。其中所蕴涵的基本概念是：质依赖于格式。这里，格式是非常重要的概念，相当于突现论中的“图式”（pattern）概念。

怀特海的代表作是《过程与实在》，他的实在观是：实在不仅是过程，而且是有目的性的。这也是一个逐级上升的突现进化系列。

---

① 罗宾·柯林伍德著，吴国盛、柯映红译：《自然的观念》，华夏出版社，1999 年版，第 176 页。

怀特海的宇宙论与亚历山大宇宙论的不同之处在于：

Alexander（亚历山大）认为，一个新的格式在时空中形成时所出现的新的质，从属于那个格式，此外别无他属；在任何意义上它们都是新的，整个地内在于它们在其中得以实现的新事件。Whitehead（怀特海）则认为，它们在一种意义上内在于存在物的世界，但在另一种意义上它们超越于它；它们不光是新机会的经验的质，它们也是“永恒的客体”，属于柏拉图称为形式或理念的世界。Alexander 倾向于经验主义传统，把被认识的与瞬间的感觉与料等同起来。在这样的问题上，Alexander 的观点与 J. S. 穆勒的观点相类似。而受过数学训练的 Whitehead，则代表了一种唯理论者的传统，他把被认识的与必然和永恒的真理等同起来。这把 Whitehead 引向柏拉图那个方向，使他坚持认为，一个永恒客体世界的实在性是宇宙过程的先决条件。

Alexander 的宇宙过程凭藉着一个单一的基础：时—空。Whitehead 的宇宙过程凭藉着一个双重的基础，时—空和永恒的客体。这种区别使 Whitehead 能解决某些 Alexander 无法解决的基础性问题。例如，为什么自然中竟会有一种朝着产生某些事物方向去的努力？在 Alexander 看来，这个问题没有答案，我们必须怀着自然的虔诚接受这个事实。Whitehead 认为答案是，属于这些事物的独特的质是一个永恒客体，它是过程的“诱饵”（lure）。柏拉图和亚里士多德也都这么认为，永恒的客体吸引着过程努力朝向它的实现。进一步，上帝和世界的关系是什么？Alexander 认为，上帝是那个具有未来神性之质的像将来那个样子的世界。Whitehead认为，上帝是一个永恒的客体，但他是一个无限的永恒客体，因此上帝不光是一个诱因吸引着一个特定的过程，而且是无限的诱因，一切过程都引导自身向它那个方向趋附。①

早期进化论作为一个运动于20世纪30年代趋于式微，但突现概念作为反对在科学和哲学领域内盛行的还原论思潮的壁垒，仍然通过科学哲学发挥着影响。突现的这种用法主要是防卫性的，它在生机论与机械还原论之间为自己找到一块领地。

早期突现论衰微的一个重要的原因是：一旦涉及到理解突现本身如何成为可能时，早期突现论者便没有了答案。亚历山大的回答是“自然的虔敬”，怀特海也把答案引向上帝存在的方向(如上所引)。在早期突现论者那里，突现的过程是一个黑箱，能观察到低层次输入与高层次输出，但不知道二者在突现过程中如何转化。当代复杂性理论被证明可以撬开这个黑箱，这主要归功于高倍速计算机、数学构造以及新的研究方法的发明，使突现结构在科学解释中获得了更加坚实的基础和运用。

批判理性主义的创始人、科学哲学家波普尔也持一种突现进化论的观点，这与他著名的“三个世界”的理论紧密相关。在宇宙进化的历史上，波普尔认为，从早期的宇宙物质中首先诞生恒星，恒星上形成原子核，原子核捕捉电子形成原子，物质从无机物形成有机物，在漫长的进化历史中诞生生命和意识，最后，人类的思维便创造出相对独立的精神产品——各种理论、学说等；即在波普尔看来，宇宙进化的历史是沿着恒星——原子核——有机分子——生命——意识——精神产品这个进化的链条

① 罗宾·柯林伍德著，吴国盛、柯映红译：《自然的观念》，华夏出版社，1999年版，第186—187页。

插图 7：波普尔（K. Popper，1902—1994），科学哲学家，批判理性主义的创始人。他深知人类理性的弱点。他提出的突现进化论思想可视为生成本体论发展的一个重要阶段。

循序渐进。其中物理的世界属于波普尔所说的第一世界，主观精神或意识的世界属于第二世界，而知识和文化等人类的精神产品则属于第三世界。波普尔认为，从第一世界到第二世界，从第二世界到第三世界，进化的每一个阶段都是突现的，是系统新质的涌现过程。值得注意的是，波普尔的第三世界与第一世界一样具有客观实在性。第三世界的客观实在性主要表现在：（1）世界 3 客观化于世界 1 中，世界 3 是世界 1 的物质载体，如书本、硬盘、光碟等携载着人类智慧的信息，是世界 3 的物化；（2）世界 3 通过世界 2 与世界 1 相互作用，从而改变世界 1，这是世界 3 的能动性的表现，即人类通过书本或光盘等信息资源获取知识，改变人的主观精神世界，从而改造客观世界；（3）世界3一旦产生，就有自己相对的独立性与自主性，知识和文化的发展有自己内在的逻辑，有不以人的主观喜好为转移的客观规律。人们可以说世界3只是在起源上是人造的，而一旦存在，它们就开始有自己的生命。既不同于柏拉图的“理念”，也不同于黑格尔的“客观精神”，“世界3”是波普尔颇引以为傲的独创性理论。因为波普尔的“世界3”是人类意识的产物，是历史的、变化着的理论和假说，是人类智慧的结晶。而柏拉图的“理念”是永恒不变的，由神所创造的；黑格尔的“客观精神”则是人格化的“宇宙精神”，是“绝对观念”的体现，两者都缺乏波普尔所独具的那种审视人类的无情的理性批判精神。

与复杂性科学和现代突现理论有密切关联的是波普尔的“上向因果关系”和“下向因果关系”的概念。所谓“上向因果关系”，即是指世界1通过作用于世界2，从而影响世界3的过程；所谓“下向因果关系”则相反，即是指世界3通过作用于世界2，从而影响世界1的过程。还原论者或传统唯物主义者（波普尔称为“科学唯物主义”）往往只看到上向因果关系，即物质决定意识的过程，却忽略了下向因果关系，即意识或精神对物质的反作用，有时这种作用是十分巨大的。因为前面已经说过，突现是出现在宏观层次、在系统整体水平上，因此，波普尔对下向因果关系的强调对于突现论具有重大的现实意义。在社会历史观上，波普尔反对经济决定论而主张某种形式的“文化决定论”，其理论基础就在于此。下面是他批判历史决定论的一个有名的思想实验：

> 构成知识的思想比整个物质生产资料更为根本。可以设想，我们的整个经济体系，包括机器和社会组织有一天全都被摧毁了，但是只要科学技术知识没有被摧

> 毁，那么也许不要经过很长时间就可以重建经济体系。可是反过来，假如知识完全消失了，而机器和物质产品仍然保存着，那么其结局只可能是一个野蛮的种族占据着一堆高度工业化废物的荒芜情境，而在这种情况下，文明的物质遗迹也是会很快消失的。①

在当代知识和信息爆炸的社会，科学技术已经成为第一生产力，波普尔强调知识和文化对社会发展的作用，无疑具有深远的预见。当然，波普尔的观点有些极端，有时未免失之偏颇。

二、新突现论：复杂性理论

如第一章所述，在控制论、信息论及一般系统论这些较早的系统科学中，突现不是研究的重点，因为和当代复杂性理论感兴趣的复杂、非线性和非平衡系统比较，它们处理的是简单、线性和平衡系统。突现至少要求系统具有如下特征：

1. 非线性。虽然早期研究者也曾用正、负反馈环表达自然界一定程度的非线性特征，但他们既没有包括“小原因，大结果”，也没有对在突现现象中发现的非线性相互作用进行专门研究。

2. 自组织。虽然早期系统思想家也偶尔使用这个术语，但主要指系统的自律过程，在复杂性理论中，自组织是指复杂系统的创造性、自生长与寻求适应性的行为。突现现象是产生这种适应性的新结构。

3. 超平衡（非平衡或远离平衡）。早期系统论探索系统如何趋向最后的平衡态（如一般系统论中的“平衡终极性”概念），

---

① 波普尔著，薛兆丰译：《开放社会及其敌人》，山西高校联合出版社，1992 年版，第 135 页。

而复杂性科学对推动突现产生的“超平衡态”的条件更感兴趣。突现现象产生的原因之一是远离平衡的条件放大了偶然事件，这也是突现具有不可预测的特征的关键原因。

4. 吸引子。早期系统论中唯一可得到的吸引子是平衡终态，而复杂性理论中有各种不同的吸引子（如不动点、极限环及所谓“奇怪吸引子”）。如上所述，突现现象与系统的新质重合，如同复杂系统进入新的吸引子轨道。

以上四个特征被广泛研究，形成了以下复杂性科学的框架：

复杂适应性系统理论：以桑塔费研究所的研究而著名，其“突现”概念是指在具有相互作用的组元（agent）的系统中涌现出的宏观模式。

非线性动力系统理论：如同混沌理论的数学之父费根鲍姆（Feigenbaum）所宣称的吸引子的中心概念，包括由科学哲学家纽曼（David Newman）划为真正的突现现象的奇怪吸引子。

协同学：由德国物理学家哈肯（Hermann Haken）创立，物理系统自组织的开创性研究，在解释宏观层次上的协同现象时带给我们“序参量”的临界概念。

远离平衡的热动力学：由普里高津创立，其“突现”概念是指远离平衡条件下出现的耗散结构。

克拉奇费尔德（Crutchfield）将突现的定义归为下列三种模式，并一一作了分析：

1. 突现的直觉定义：“有某种新东西出现”；

2. 模型（pattern）形式：观察者在动力系统中识别“组织”；

3. 内部突现：系统自我利用出现的模型。

这三个定义显然属于逐级递进的三个不同的层次。在直觉定义的层次上，观察者“识别”某些东西并评估它为“新的”。对于模型形式，观察者是科学家，预先使用概念——如“螺旋”、

"涡流"等——观测实验数据的结构，以确证或否证概念对现象的适用性。第三种情况对于"观察者"和"模型"来说，可能是最熟悉不过的了。内部突现将观察者推入系统，这相应地要求内部突现由植根于观察者的模型来定义。这种情况下，观察者其实是整个系统的子系统。特别地，这里出现了"观察者的主观介入"，这是一个相当重要的概念，它涉及突现的本体论地位和意义问题，这将在下一章专门谈到。

第三节 突现的理论模型

一、模型、范式与不可通约性

这里在库恩"范式"（paradigm）的意义上使用"模型"一词。

库恩在《科学革命的结构》一书中提出了动态的科学发展模式，阐明科学是以范式为中心，采取常规科学与科学革命两种形式发展，其间不存在普遍适用的规范方法论，并强调心理因素与社会因素乃至形而上学因素在科学变革和科学发展中的重要作用。20 世纪 80 年代以来，他更加注重科学变革中的语言变化，强调革命前后理论间的不可通约性（incommensurability）和不可翻译性，描绘出了一副库恩式的科学发展的新图像。

"范式"与"不可通约性"是库恩理论的核心概念，也是他理论中争议最大的两个概念。关于这两个概念的确切涵义，以及由此而来的库恩是否相对主义者的争论，几乎成为《科学革命的结构》一书发表以来科学哲学的主战场。有人甚至认为，库恩自己放出了魔鬼，但又不知如何对付。按照库恩自己的说法，范式的内容包括：(1)符号概括；(2)本体论的和启发性的两种模型；(3)价值；(4)范例。他自己最注重的是（1）、（2）和

插图8：库恩（Thomas Kuhn，1922—1996），著名科学哲学家。他提出的范式理论揭示了科学的社会文化意义，改变了科学在公众心目中的形象。范式理论也是本书提出关于突现的科学模型的基础。

(4)，现分述如下：

符号概括是一种专业科目的形式体系，例如“$F = ma$”，“$I = V/R$”，以及“元素按固定重量比相化合”等句子。传统观点可能认为，这些是自然定律，但库恩认为：（1）从它们运作的情况看，更像定义而不像对自然的陈述；（2）它们并不直接进入科学家的深思熟虑中，但被证明是应用有方的“描画”或

“图式”以适合各种不同情况。模型是本体论的或启发性的，本体论模型如：“热是物体各组分的动能”，启发性模型如：“气体分子像微小而有弹力的台球作随机运动”。典范则可以采用许多形式：实验、工具使用、分析或表达的技术，以及在发明完满理论以前所设计的解决办法。例如伽利略根据相对运动分析石头下落，从而“缓解”了关于塔的争论。

美国哲学家 M. E. 马隆概括了库恩关于范式的三个命题：

命题 1　范式向科学家提供据以运作的具体背景与概念框架。

命题 2　掌握范式就是学习关于自然的实质性与引发重要后果的事情。

命题 3　陆续出现的范式间的差异，既不可避免，又不可调和。

M. E. 马隆认为，库恩的大部分讨论集中于命题 3，即不可通约性命题。这个概念极易误解为范式间“不可比较”，为澄清这种误解，库恩曾多次作出说明。他在 1982 年写的《可通约性、可比较性、可交流性》一文中，谈到不可通约性论点时说：

> 费耶阿本德和我第一次使用一个术语到现在已经过去二十年了。这个术语是从数学中借来的，可以描述相继科学理论之间的关系。这个术语就是“不可通约性”。我们使用它是为了诠释科学文本（interpreting scientific texts）中所遇到的问题（费耶阿本德，1962；库恩，1962）。我对这个术语的使用要比他的宽泛一点……我们都集中关心于表明：科学术语和概念——例如“力”和“质量”或“元素”和“化合物”——的意义，往往随它们在其中所展开的理论而变化。我们都主张，当这些变化发生时，一个理论中的所有术语

(terms) 不可能用另一个理论的词条 (vocabulary) 来进行定义。我们各自独立地谈论科学理论的不可通约性来说明这个主张。①

10 年后的 1988 年 10 月 23 日，库恩在给一位日本教授的信中再次作了如下申述：

> 首先，当我谈到两个理论或两个范式是不可通约时，我绝不意味着提议说，它们之间是不可比较的。"不可通约性"这个术语本来是从数学中借用来的，指的是没有公度 (no common measure)。例如，一个等边直角三角形的直角与斜边之间是不可通约的，因为没有一个单位使得斜边是直角边长的整数倍，但两者却可以以任何需要的精度进行比较。斜边的长度大于直角边长的 1.41 倍而小于 1.42 倍。"不可通约性"应用于科学理论，意欲提示出，需要陈述一个科学理论的语言很像诗的语言。某些陈述（但只是某些），使得用一种理论的语言不可能以确定真值所需要的精确性翻译为另一种理论的语言。但两者仍然是可以比较的。②

但无论如何，这里所谓"确定真值所需要的精确性"究竟是什么意思呢？无论库恩怎么辩解，似乎都难逃相对主义的责难（库恩自己说过：革命前的鸭子变成了革命后的兔子)，而且对不可通约性存在的领域，意见也并不一致，因此以相对主义的形式发生争论。G. 多佩尔特 (G. Doppelt) 区分出范式可能不通约

① 金吾伦著：《托马斯·库恩》，三联书店香港有限公司，1994 年版，第 118 页。
② 同上，第 119 页。

的四种情况，认为存在着相对主义的四种可能来源：

> 竞争的范式是不可通约的，因为：(1)它们说的科学语言不一样；(2)它们讲的、承认或了解的观察资料不一样；(3)它们关心回答的问题或解决的难题不一样；(4)它们理解什么算作合适的或甚而合法的解释的方法不一样。①

可以再加上一条：（5）因为它们属于由不可比较的实体、过程等组成的领域。因此，这里的相对主义分别可能是：（1）语义学的；（2）知觉的；（3）主题的；（4）解释的；（5）本体论的。

前面提到的 M. E. 马隆通过消除不可通约性的知觉心理学（格式塔）意义为库恩的相对主义辩护，试图建立“没有相对主义的不可通约性”。他认为只要摆脱了完形解释，将语言的组织作用与知觉的因果过程分离开来，就可以摆脱极端相对主义。但即使如此，其余四个领域（语义学的、解释的、主题的、本体论的）仍然是通向相对主义的大道。时隔 30 年，库恩不得不再次回到这个问题上来。在一次题为“《结构》之后的路”的演讲中，库恩再次重申“不可通约性”应理解为“不可翻译性”，它与语词系统的分类相联系，库恩称语词系统的分类为“概念图式”。这样科学发展便被区分为“确实需要改变语词分类的发展”（科学革命）和“不需要改变语词分类的发展”（常规科学）。库恩一方面宣称由于各个科学共同体所使用的语词系统不同，给定的词在某个团体中有时会做出不同的陈述，这将导致交

① 《对库恩认识论相对主义的一种解释与辩护》，1982 年，第 114 页，载 M. Krausz，J. W. Meiland 合编：《认知的相对主义与道德的相对主义》，圣母院大学出版社，1982 年版，第 113—146 页。

流的中断，因而“使用两种语言的人必须在所有时间内都要记住什么时候是什么语词系统在起作用”；另一方面，他又把科学的进化比作生物进化的谱系图，充满交叠与分岔（这是很有见地的思想，我们以后将专门讨论这种科学进化模式），必须为科学发展寻找一个“阿基米德点”（信念），因为“信念是已经存在了的；这些信念为继续研究提供了基础，研究结果在某些情况下又将改变这些信念。没有信念的研究是不可想象的。”这使他不得不求助于康德的“物自体”概念。其中语词系统如同康德的范畴一样提供可能经验的先决条件，并随时间和共同体而改变。他把自己的观点称为一种“后达尔文式的康德主义”，并用如下的话结束演讲：

> 在所有这些分化和改变的内在基础中，总有某种永恒的、固定的和稳定的东西。但像康德的自在之物那样，它是不可言说、不可描述、不可讨论的。这个康德式的稳定之源处于时间和空间之外，是一个整体。从这个整体出发，建构了生物和它们的小环境，也建构了“内部的”和“外部的”世界。经验和描述只有在被描述者与描述者相分离时才有可能，而标志这种分离的语词系统结构却可能以非常不同的方式做到这一切，每一种方式都促成一种不同（虽然不是整个不同）的生活方式。某些方式更适合某些目的，而有的方式又更适合于其他目的。但没有一种方式是因为真而被接受或因为假而被拒斥；没有一种方式被赋予了接近实在的世界的特权。一个语词系统提供的存在于世界中的方式不能用来替代以真或假来评价方法。①

① 金吾伦译，伊丛校：《哲学译丛》1993 第6期。

由此看来，如何在肯定范式不可通约性的前提下避免相对主义、保持周围世界的实在性，仍然是库恩晚年的一块心病。当库恩坚持一个语词系统仅仅提供一个存在方式，无所谓真假，也与实在世界无关时，他仍然滑向了他想竭力避免的相对主义，并向普特南的“内在实在论”靠拢（这一点库恩自己也是承认的）。其实，在肯定科学进步的前提下，合理的相对主义是有益的。我们不必像害怕瘟疫一样害怕“相对主义”这个词。相对主义也并不必然与科学实在论发生冲突。那个库恩式的疑问——一个随时间与科学共同体而变化的世界是否仍然可被称为“实在世界”——在当代生成论哲学看来答案是肯定无疑的，不必求助于康德的“物自体”以保持周围世界的稳定性与永恒性。

我们的时代往往被人称为“相对主义”的时代，这个称呼反映了各种复杂的文化心态：不满、赞赏、讥讽、无可奈何、愤世嫉俗……相对主义者说：一切都是相对的。立即有人反驳：请问这句话是否也是相对的呢？相对主义者说：一切都是有条件的。立即有人反驳：请问这句话是否也是有条件的呢？双方争吵不休的论战是20世纪哲学舞台上的一大景观。我不赞同极端的相对主义者，他们把我们生活的世界变成了幻象；我也不喜欢绝对主义者，他们那妄自尊大的独断论态度令人生疑。那么，这两者之间是否有某个平衡点呢？我认为在这样一个多元变化的时代，相对主义的多元性与流动性比绝对主义更加适合我们这个时代的特征。这正是我提倡“合理相对主义”的原因。

这样理解的“范式”与“不可通约性”的论点，为我们建立突现模型提供了基本的方法论构架。

二、作为“范式”的突现模型

“突现论”无疑是传统的还原论科学发生危机的产物，它无论在语词系统、研究主题、解释模型与本体论构架方面都发生了激烈的革命性变化。因此我们的模型既是本体论的也是启发性的。按照库恩对范式的理解，结合目前突现论研究的发展状况，我们可建立一个包括符号概括（概念、范畴与定律）与范例的突现模型，至于本体论的与解释的方面将在第二章与第三章中分别论述。当然，此模型只能是简单的和定性的。

（一）基本概念与范畴

每一门学科都有作为其体系基本组成材料的范畴。列宁曾形象地把范畴比喻为人类认识之网的网上纽结，它凝结了人类现阶段在某一领域的认识成果。经典的还原论科学的基本范畴是点质量、电荷、能量、信息、引力、加速度等，其基本规律包括机械力学规律 $F = ma$ 及统计力学公式和电磁场运动方程。它的基本纲领或信念为：

1. 世界由无数的物质实体（包括引力场）构成；

2. 这些物质实体处在不间断的相互作用之中；

3. 这些物质实体可以被分解为组成它们的基本粒子，并且可以无限地被分割下去；

4. 事物的运动、转化、产生和消灭就是这些基本粒子的结合和分离；

5. 一旦运用分析方法确切知道了实体的各个组成部分的性质，就可以通过综合的方法推知整体的性质；

6. 规律是完全决定论或统计决定论的，知道当下状况或初始条件，就可以推知将来任一时刻的运动状况。

根据拉卡托斯的“科学研究纲领”方法论，研究纲领乃是科学体系的“硬核”部分，它周围有许多程度不同的“保护层”以保护体系不受经验事实的冲击。范式的改变必定是硬核发生变化的结果。还原论科学的范式在20世纪科学出现的无数反例——不确定性、随机性——的冲击下终于失去了昔日的统治地位。变化是颠覆性的，它包括范畴、定律与基本信念的改变。

新的突现论科学的基本范畴为：

1. 吸引子。包括不动点、极限环、周期吸引子以及奇怪吸引子等。吸引子在系统的演化中是个逐渐呈现的过程，即吸引子外的一切轨线最后都要收缩到吸引子上。吸引子与系统新状态的出现相伴随，并决定系统新状态的特征和图像。吸引子具有无穷嵌套的自相似结构，并对初始条件有敏感依赖性。吸引子的维数是分数维。混沌科学所研究的就是在什么现象中能发现哪种吸引子，即自然现象同吸引子之间的对应关系。

2. 序参量。是决定系统特征与系统演化的主要参量。哈肯在对激光的研究中提出协同学，认为无数子系统的协同作用形成序参量，序参量又像一只看不见的手协调着子系统的行为，从而使系统整体表现出宏观有序行为。哈肯特别举了语言和文化的例子，认为它们一旦产生，就具有支配个人行为的力量。序参量是支配系统演化的慢变量，通过绝热消去法消去快变量就得到决定系统状态及其方向的序参量。

3. 状态空间。吸引子的几何属性在状态空间中被描述，吸引子是状态空间中的一个“物体”。状态空间由变量和坐标构成，如股票市场的状态空间就是由所有股票的价格、货币供给量、外汇汇率、库存债券的价格等组成。

4. 内部图式（internal pattern）。前面讨论关联者模型时已经提到过。它反映复杂系统的内部结构及其非线性的相互作用。寻求系统的演化与突现规律，内部图式是关键。有时多个内部图式之间相互竞争（或相互合作），最后是一个或多个存留下来。

5. 分岔（bifurcation）。系统发生突现的关口会出现分岔，每一个分支代表系统一个可能的方向，此时系统向何处演化完全是不可预测的。分岔之处系统对涨落异常敏感，一个偶然的涨落可能被迅速放大，使系统向不可预测的方向进化。

M. 盖尔曼曾在其一本论述复杂性的著作《夸克与美洲豹——简单性和复杂性的奇遇》中提到生物进化中的“关口事件”（gateway events）。这是乔治·马森大学（George Mason university）和圣菲研究所的哈诺德·莫洛惠兹发现并研究的。它指在生物进化过程中，在物理化学环境未发生根本变化的情况下，特别富有戏剧性的生物学事件，有时是中断平衡过程中决定性的原因。这些事件具有开辟出可能的全新范围的重大突破性意义。哈诺德发现，不仅在生命的史前时期发生过导致地球生命产生的化学关口，而且在所有生物祖先的生命形式产生以后，生物进化过程中依然发生过类似的关口事件。在所有这些情形中，哈诺德强调了关口的狭窄性，即通常只有少数特殊的化学反应才有可能开辟出新的范围；有时这种情形甚至只与一个反应有关。哈诺德及其他一些人认为，在经历了一系列早期变化之后，由一次或几次突变所引起的基因组中的微小变化，可以引发一起关口事件，从而引发打破相对平衡的主要革命性事件之一。进入由关口事件所开创的领域时，生物获得了新的有重大意义的规律性，使其复杂性上升到一个更高的层次。①

值得注意的是，突现科学的术语与传统还原论科学的术语在库恩的意义上是“不可通约”的，即不可翻译的。如“吸引子”与“状态空间”，均无法用传统科学的术语完全充分地表达其含义。

（二）基本原理或规律

一般而言，突现论有以下基本规律或原理：

1. 役使原理

哈肯在对激光的研究中发现的系统变量关系。系统演化过程中，某一个参量往往对系统的演化方向和道路起着决定性的作

---

① M. 盖尔曼著，杨建邺、李湘莲等译：《夸克与美洲豹》，湖南科学技术出版社，1998 年版，第 234 页。

用，它支配、役使着其他变量，前者可称为慢变量，后者可称为快变量，且后者可用“绝热消去法”消掉。

2. 协同原理

和上述原理有密切联系，指系统演化过程中，系统内部子系统之间的相关度随外界条件的变化而变化，以至呈现出从非协同到协同、从低级协同到高级协同发展的规律。

协同学创始人哈肯指出：制约自组织的方程实际上是非线性的，从这些方程中我们可以发现模式，或者是竞争的结果只有一种模式继续存在，或者是彼此共同存在。因此，按照协同学的观点，是非线性相互作用使得整体运动模式得以从包含了大量子系统的大系统中产生出来。

3. “缘接”（occasion-connection）原理

自组织系统除了具有对初始条件的敏感依赖性外，还有一个引人注目的特征：微小的、偶然的涨落可能被迅速放大，从而推动系统结构向不可预测的方向改变，使某个模式迅速成为占支配地位的主导模式，引起系统突现。这种某个微小的涨落被迅速放大的趋势，学术界尚无专门称呼。中国社会科学院著名学者金吾伦教授建议称之为“缘接”（occasion-connection），它既强调了偶然和机缘（occasion），又强调了相互联系和作用（connection）。本书采纳这一名称，称此规律为“缘接”（occasion-connection）原理。

4. 对称破缺规律

对称破缺是自组织系统进化的标志。无论是平衡结构的产生，还是非平衡结构的产生，都表现为某种对称性的破缺。以进化生物学为例，在生命的起源过程中，首先是有机分子旋光性的对称破缺，这一破缺被巴士德等人看做是“生命的唯一判据”。事实上没有这种破缺便没有真正的生命。其次是遗传密码和遗传信息流的对称破缺，它们是原始生命得以产生和延续的关键。再次是细胞内部以及细胞之间的对称破缺，它们是原始生命继续进化、发展的前提。宇宙大爆炸之初出现正、反粒子数目的不对称是一个偶然事件，这个偶然事件的放大形成了今天宇宙中正物质多于反物质的局面。

当外界条件具备时，系统发生对称破缺是必然的。而对称破缺如何实现，以及在众多的对称性元素中保留哪一些则有很大的随机性，在这里随机涨落（内在的或外在的）起着重大作用。比如磁体磁场的方向、激光的频率和相位、正反粒子数之差，以及大分子中的“手性”等都是随机决定的。用普里高津的话来说：“量子力学在微观层次上所发现的性质现在在宏观层次上又出现了。”① 系统哲学家詹奇也说：“现在与海森堡不确定关系描述的量子力学的不确定性并肩而立的是形成结构中的宏观不确定性。”② 这是系统整体突现规律的具体体现。

（三）基本信念与纲领

突现论科学的基本信念和纲领是：

> 世界是生成的，且处于永不停息地生灭与转化之中；
>
> 事物和物质不可能被无限分割为最后的组分和基本粒子；
>
> 整体不能还原为部分，整体的性质也不能通过部分的性质推导出来；
>
> 宏观性质相对于微观层次来讲是突现的；
>
> 系统的演化过程只能通过突现论的范畴与规律来刻画和研究。

① 普里高金：《从混沌到有序》，上海译文出版社，1987年版，第226页。
② 詹奇：《自组织的宇宙观》，中国社会科学出版社，1992年版，第58页。

还原论经过几百年的发展，其基本的理论构架已经成熟。比较起来，突现科学还是新生的婴儿，有待于继续发展和完善。但它已经在技术、管理与社会领域得到了极其广泛的运用。它既然已经诞生，则必定有光明的前景。

（四）范例

列举三个范例：激光系统、贝纳德元胞与离散映射。

1. 激光系统

在激光系统中包含数量级 10^{23} 以上的子系统（工作物质的原子或分子），因而有 6×10^{23} 个自由度。为了描述这个系统也就需要同样多的变量和微分方程，但是即使都知道了这些变量和方程也未必能清楚整个系统的行为，因为这些变量和方程仍然是微观层次的东西。哈肯注意到，平常这些子系统的运动是互不相干的，向外发出具有各种频率的光波。一旦激光系统外界输入的能量达到某个阈值，这些子系统就会像听到一道命令一样一下子同步起来，向外发出一束巨大的单色光。哈肯认为这是一个具有普遍意义的自组织过程，并且包含了一个极其重要的自组织原理——役使原理。

令：q 表示系统的状态变量，q 是空间坐标 X（x，y，z）和时间 t 的函数：

$$q=q\ (x,\ t)$$

由于系统的变量数高达 10，我们采用状态向量来表示：

$$q=\ (q_1,\ q_2,\ \cdots,\ q_k,\ \cdots,\ q_n)$$

为简单起见，我们将所有的变量分为两组：

$$q_u=\ (q_1,\ q_2,\ \cdots,\ q_k)$$

$$q_s=\ (q_{k+1},\ q_{k+2},\ \cdots,\ q_n)$$

设它们满足下列哈肯模型：

$$q_s=-kq_s-aq_uq_s$$

$$q_u=-\lambda q_u+bq_u^2$$

又设系统是有阻尼的，对应的系统时间常数为：

$$T_s = 1/\lambda, \ T_u = 1/k$$

如果有 $\lambda \gg k$，且 $\lambda > 0$，则有 $T_s \ll T_u$，即表示 q_s 为快变量，q_u 为慢变量。

运用绝热消去法，令 $q_s = 0$，代入上述方程，得到

$$q_u = \lambda^{-1} b q_s^2$$

于是，

$$q_s = -kq_s - k_1 q_s^2$$

式中 $k_1 = ab/\lambda$，显然这是一种阻尼振荡的运动方程，其势函数

$$V(q_u) = (1/2)\ kq_s^2 + (1/4)\ k_1 q_s^4$$

可以分别画出 $k > 0$ 和 $k < 0$（$k_1 > 0$）两种不同情况下的势能曲线。平衡点集由 $q = 0$ 确定。

（1）当 $k > 0$ 时，有唯一一个稳定平衡点 $q = 0$（吸引子）。

（2）当 $k < 0$（$k_1 > 0$）时，有三个平衡点，$q = 0$ 为不稳定平衡点，$q = 1$ 为两个平衡点。

如果把上述过程与阻尼振动相比较，我们就可以很直观地看到，当 q_s 的弹性模量 k 从正变到负时，势函数曲线图就会发生变化，即平衡点的稳定性发生变化。

从上面的例子中，哈肯得出了两个极为重要的结论：

（1）当 k 从正变到负时，说明变量中有一部分（往往是少数）q_s 的势能曲线发生了根本变化，哈肯把这称为临界慢化，相应的 q_s 为慢变量。

（2）由于 q_s 的弹性模量 $k \ll q_u$ 的弹性模量 λ，相应的"回归"时间 $T_s \gg T_u$，q_s 为慢变量，q_u 为快变量。

根据绝热消去法可以得到少数慢变量 q_s 对大多数快变量 q_u 的支配，这就是所谓的"役使原理"。

2. 贝纳德元胞

这是洛伦兹在模拟全球天气模式中发现的模型，普里高津曾用该模型说明耗散结构理论。阳光照射地球，从底部加热大气，寒冷的外部空间则从大气外壳吸收热量，底层空气上升，上层空气下降，形成对流。贝纳德在一些实验中为其建立了模型。大量冷、暖空气之间的交流，用循环涡漩来代表，叫做贝纳德元胞。在三维情形下，是热空气以环状上升，冷空气则从中心下降，于是大气构成了三维贝纳德元胞的海洋，如同紧密堆积的六面体点阵。

在典型的贝纳德实验中，重力场中的流体层被从底部加热，底部流体上升，顶部流体下降，形成对流。这两种受到粘滞力的运动是相反的。对于小的温度差 $\mathrm{d}T$，粘滞性占上风，流体保持静止，热传导均匀地输送热量。系统的外部控制参量是所谓的粘滞性瑞利数 R，它与 $\mathrm{d}T$ 成正比。在 R 的临界值处，流体的状态变得不稳定，形成稳定的对流卷模式。

超出 R 的临界值到一定程度，系统出现混沌。洛伦兹将描述贝纳德实验的复杂的微分方程简化为三个。每一个微分方程有三个变量 X、Y、Z，X 正比于环流的速度，Y 为上升与下降的流体元之间的温度差，Z 正比于垂直温度对其平衡值的偏差。从这些方程中可以推导出，相应的相空间的某一种表面的任一体积元都是随时间指数收缩的。因此洛伦兹模型是耗散的。

利用计算机，可以形象地描画出洛伦兹方程的轨迹。这些轨迹的路径非常敏感地依赖于初始条件——值的细微偏差使轨迹很快地偏离原来路径若干圈。洛伦兹吸引子属于奇怪吸引子。显然，奇怪吸引子是混沌的。吸引子曲线密集缠绕又不互相切断，它最终将走向某种分形的拓扑结构。我们采用曼德勃罗本人对分形维的定义，即：

令 M 是 n 维相空间的吸引子的子集。现在，让相

空间被边长为 ε 的立方体所覆盖。设 $N(\varepsilon)$ 是立方体的数目，立方体中包含了吸引子 M 的片断。如果 ε 收缩到零 $(\varepsilon - 0)$，那么 $N(\varepsilon)$ 与 ε 的对数比值的负极限即 $D = -\lim \ln N(\varepsilon)/ln\varepsilon$ 被称为分形维。[①]

如果吸引子是一个点，则分形维为零；对于稳定的极限环，分形维为1。但对于混沌系统，分形维不是一个整数。一般地，分形维只可以通过数值计算得到。对于洛伦兹模型，奇怪吸引子的分形维 D 大约为2.06。

这种小规模形式的混沌现象与大规模的混沌起伏有所区别，后者可能导致无节制的军备竞赛、战争或经济崩溃的危机。所谓危机应理解为模型的全局形态的突然改变——解的爆发，吸引子改变大小及位置。与这种危机密切相关的是对干扰的敏感。

3. 离散映射

一个离散的映射方程，如果它导致相空间的体积发生收缩，它就被称为耗散的映射方程。这是由一个有序的变换结构导致不可预料的混沌的典型例子。

一个著名的离散映射的例子是所谓的逻辑映射，它在自然科学与社会科学中都有许多运用。在数学上，逻辑映射用二次（非线性）迭代映射来定义：$x_{n+1} = ax_n(1 - x_n)$，其中 $0 \leqslant x \leqslant 1$，控制参量 $0 \leqslant a \leqslant 4$，序列 x_1，x_2，x_3，…的函数值可以由计算机简单计算。对于 $a < 3$，结果收敛到一个不动点。如果 a 继续增加到超过临界值 a_1，经过一段时间，序列的值就在两个值之间周期地跳跃。如果 a 进一步增加，超过了临界值 a_2，周期的长度将增加一倍。如果再进一步地一增再增，那么周期每次都增加

① B. Benoit Mandelbrot 著，陈守吉、凌复华译：《大自然的分形几何学》，上海远东出版社，1998年版，第56页。

一倍，相应地，有临界值序列 a_1，a_2，…。但是在超过了某个临界值 a_c 以后，此发展就变得越来越无规则和混沌。

有的倍周期分岔系列要受一个常数定律的支配，这是格罗斯曼和托麦在逻辑映射中发现的，后来费根鲍姆发现这是一类函数的普适性质（费根鲍姆常数）。另外，还有分别对应于不同控制参量的吸引子：不动点、周期振荡、混沌，它们也都有各自不同的倍周期分岔图。

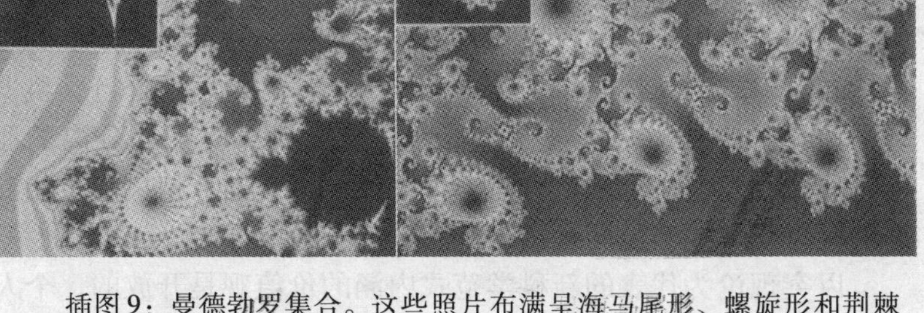

插图 9：曼德勃罗集合。这些照片布满呈海马尾形、螺旋形和荆棘圆盘形花样，具有异常复杂之美。它们是分形结构，这种形状尽管复杂，但用数学表达出来却非常简单。（1987 年维京出版的 J. 格莱克的《混沌》一书内的图片）

值得注意的是，像逻辑映射这样简单的迭代系统却产生了分岔和混沌这样的复杂行为。这里，分岔的多少标志着复杂性增加的程度。每一个分岔是非线性方程的一个可能解。如果平衡态被理解为一种对称状态，那么混沌和相变就是一种对称破缺。

插图9是一个被称做曼德勃罗集合的分形结构，它往往被视为“分形数学的最复杂对象”。其花样以任何放大比例无限的反复放大，它具有1和2之间的一个分形维度，或具有整数维2，这取决于图形的复杂性。这种形状尽管复杂，但用数学表达出来却非常简单。为了得到它，只需选出一个复数常数 C，再加上另一个复数 Z（从零到无穷大）的平方就可以了。因此其数学公式可简单表达为Z（结果）$=Z^2+C$，对给定的复数进行反复迭代，就会形成曼德勃罗集合。

（五）价值

前面说过，在最初探讨范式的内容时，为集中说明范式的科学内核，库恩倾向于认为其中的价值成分是不重要的。但随着科学的发展，科学中内涵的价值成分日益增长，科学共同体在选择与评价科学理论时受时代流行的价值观影响的趋向也越来越突出。

还原论与构成论范式中内涵的价值观是原子式的个人主义与机械决定论的混合物。世界被视为一架机器，按预先规定好的规律运转，对人的感情与价值需求漠不关心。人也是这个巨大机器上的齿轮与零件，未来被完全确定。个人是孤立的、分离的原子，既缺乏竞争，也缺乏合作。这种原子主义与严格决定论相混合的社会只可能产生两种结果：独裁或无政府主义。

以突现论为代表的新科学范式内涵的价值观是开放的，个人之间既竞争又合作，充满非线性相互作用。其中偶然性与个人自由具有特殊的重要意义。未来是不确定的，有无限的可能性。世界与人处于一种亲密关系之中。迈因策尔在《复杂性中的思维》

一书中写道：

> 我们的探究方式表明，物理的、社会的和精神的实在都是非线性的和复杂的。协同认识论的这个最基本的结论要求我们，注意我们的行为的严重后果。正如我们所强调的，在一个非线性的复杂的现实中，线性思维是危险的。作为一个例子，我们必须记住，我们需要的是一个在生态学与经济学之间有着良好均衡的复杂系统。我们的医生和心理学家，必须学会把人看做复杂的精神和肉体的非线性体。线性思维可能会作出不正确的诊断。医疗中的局部的、孤立的和“线性的”治疗方法可能会引起负面的协同效应。在政治和历史中，我们必须牢记，单极因果性可能会导致教条主义、偏执主义和空想主义。随着人类的生态、经济和政治问题已经成为全球性、复杂性和非线性的问题，传统的个体责任的概念也变得可疑了。我们需要新的集体行为模型，它们建立在我们的一个个的个别成员和种种不同见解的基础之上。简言之，复杂系统探究方式需要有新的认识论和伦理学结论。最后，它也提供了一个机会，使我们去防止非线性复杂世界的混沌，去利用协同效应的创造性可能。①

这正是复杂性科学所蕴涵的价值观的深刻内涵，在后记中谈到复杂性与相对主义的关系时，我们还会涉及到这个问题。

---

① 克劳斯·迈因策尔著，曾国屏译：《复杂性中的思维》，中央编译出版社，1999 年版，第 17 页。

第三章 突现与本体论

顾名思义，本体论是研究本体的学问，即万物来源于它又最终复归于它的基础。这是人类用自己有限的生命把握无限宇宙时的一种寻根究底的冲动，是人类区别于动物的本质之一。当人类脱离了原始的感性认知，开始用抽象概念把握宇宙和自我的时候，本体论产生了，哲学也产生了。

本章将阐明突现现象与传统本体论的关系，并揭示它对“生成本体论”所提供的新证据。

第一节 西方哲学中的本体论问题

一、问题的提出

古希腊亚里士多德最早把“本体”问题归结为“存在”问题，他在《形而上学》中这样描述：

> 那个人们自古以来就发问的问题；那个人们现在仍然发问的问题；那个人们将来还会发问而且永远发问、使我们不得安宁的问题就是：存在是什么？而这也就是在发问：本体是什么？①

① 亚里士多德：《形而上学》1028b2－4，转引自《现代西方著名哲学家评传》，四川人民出版社，1988年版，第116页。

插图10：亚里士多德（Aristotle，384—322BC），古希腊哲学家，比其老师柏拉图更重视经验世界的感性存在物，学识渊博，被恩格斯称为“古希腊第一个百科全书式的学者”。他关于生物有机体的科学研究给当代复杂性理论以丰富的启示。

这个问题困扰了古今无数哲人，使他们绞尽脑汁。有人将本体论的发展分为三个阶段（当然时间上略有交叉，实际上是三个不同的流派）：以巴门尼德、柏拉图、亚里士多德为代表的古希腊的宇宙本体论；从笛卡儿开端，经理性主义与经验主义，至康德与黑格尔发展到顶峰的理性本体论；以及分析哲学（他们试图取消本体论，但仍然探讨存在问题）。但当代大哲学家海德格尔却独辟蹊径。在他看来，存在问题实际上是一个极为古老的哲学问题，它伴随着人类第一道哲学智慧的曙光而降临。然而自柏拉图、亚里士多德以后，经过漫长的中世纪，到笛卡儿开始的近代哲学，存在的原始意义逐渐被人们遮蔽和遗忘。人们用"存在者"代替了存在。自亚里士多德以来就一直作为最高和最重要的哲学范畴，被视为第一哲学"最根本对象"的"存在之为存在"，实质上仍是一种存在者。存在的遗忘使得哲学像一个弃儿，无家可归，而所谓存在的遗忘之关键就在于"存在和存在者之间区别的遗忘"。在《存在与时间》中，海德格尔一开始便声称：

插图 11：海德格尔（M. Heidegger，1889—1976），著名德国哲学家，现象学大师胡塞尔的弟子。他的存在本体论彻底颠覆了自柏拉图以来整个西方哲学史对"存在"的传统理解，恢复了古希腊前苏格拉底时代将"存在"视为流动、展开与生成的思想。以当代复杂性科学为基础的生成本体论从海德格尔那里汲取了丰富的思想资源。

> 我们这个时代虽然把重新肯定形而上学视为一个进步，但关于存在的问题今天还是被人们遗忘了。……关于存在的意义问题不仅没有得到解决，没有得到充分地提出，而且还被忘却了，无论人们对形而上学怀有多少兴趣。①

因此海德格尔一反哲学形而上学的传统，将存在与生成和变化过程联系起来，并呼吁哲学返本归源，回到古希腊前苏格拉底的“生成本体论”传统。本书采纳海氏的这一观点，以生成本体论的眼光重新审视哲学史上各派本体论学说。

二、存在之为生成——最早的生成本体论

我们可以通过考察“存在”一词在古希腊思想中的含义和演变过程，以弄清生成本体论的来龙去脉。

所谓“存在”，在古希腊语中有两重含义：一方面，它意指“自身生长起来”、“自身展露出来”，表示一种自然而然的发生过程；另一方面，它又指一种控制力、积聚力，正是由于这种力量，作为具体存在者的万事万物才得以出现和存留。这样，作为存在本身的“存在”在早期古希腊思想中并非像后人所习用的那样指一个个具体的自然存在物，也不是指作为这些自然物之整体的自然界，而是指这些形形色色的万事万物得以出现和存留的基础和根据，这一术语的核心就在于它是一“生长着、逗留着的控制力量（das aufgehend-verweilende walten）”。这在早期希腊哲学家阿那克西曼德和阿那克西米尼的思想中已经体现出来。在

① 海德格尔：《存在与时间》，第21页，转引自倪梁康：《现象学及其效应》，北京：三联书店，1994年版，第208页。

阿那克西曼德看来：

> 不断发生着的物质分裂创造了这个世界，火球从中产生出来，它包围着气，气又包围着土，如同树皮围绕树干；当它进而分裂开来，就形成了一串圆圈，太阳、月亮和星星都各处其所。①

阿那克西米尼则这样描述世界的生成过程：

> 稀散，使之成火；凝聚，成风；然后，成云；进一步，更强的凝聚，就成水；再后，成土；最后，成石头；万物都是由这些东西产生出来的。他还主张，永恒的运动是转化的缘由。——他说，冷使物质收缩和凝聚，相反，热却使之稀薄和散开。②

在赫拉克利特那里，生成与变化的思想表达得更为充分，“存在”和“变化”这两个词本是同一的，而“变化”则是赫拉克利特哲学的中心概念。但这一概念的原始意义并不像后人所解释的那样是“理性”和“言说”，它源于荷马史诗《奥德赛》，意为“积聚”（lesen）。所谓“存在着”，就是从自身出发向着自身的积聚过程，赫拉克利特用火的燃烧对这一过程作了形象的比喻：

> 闪电指引着一切。——这个世界的秩序也是如此，

① 克劳斯·迈因策尔著，曾国屏译：《复杂性中的思维》，中央编译出版社，1999年版，第20页。

② 海德格尔：《存在与时间》，第21页，转引自倪梁康：《现象学及其效应》，北京：三联书店，1994年版，第20页。

插图 12：赫拉克利特（Heraclitus，540—475BC），古希腊哲学家，辩证法的始祖，强调一切皆流，无物常驻，世界的本原是永恒流动的活火。

一切都不是任何上帝创造的，也不是任何人所创造的，但它过去、现在都是永恒的活火，按照一定的尺度燃烧和熄灭。[①]

① 海德格尔：《存在与时间》，第 21 页，转引自倪梁康：《现象学及其效应》，北京：三联书店，1994 年版，第 21 页。

如果说赫拉克利特是用“变化”来表示“存在”的话，巴门尼德则是用另一个特殊的希腊词来说明“存在”。这个词后人一般译为和“存在”相对立的“思想”，在海德格尔看来，这是一种误解。“存在”绝不是什么作为主体所固有的某种属性、某种能力而存在的“主观思想”，而是某种超越于主客观之上的，比之更原始的“感受活动”（vernehmen），所谓主客观不过是从这一活动中分离出来的。这一“感受活动”就是人的存在之为存在的根据，海德格尔又将之称为“历事”（geschehen），并称它是真正的历史性活动，而这也就是“存在”的一种方式。巴门尼德正是在这个意义上说“思维与存在的同一”。这样我们对哲学史上的这个古老的命题有了全新的理解：不是主观思想与客观存在的同一，而是“存在”作为一种活动、一种历史被理解。这样，长期以来所认为的巴门尼德与赫拉克利特的对立也就消解了。

结论：古希腊最初的本体论是“存在之为生成”的本体论，那时的“存在”是指一个过程、一种显现的方式，充满了活生生的转化与流动。

三、宇宙本体论

泰勒斯说：世界的本原是水。黑格尔说：西方哲学史就从这里开始。西方自柏拉图以来本体论的要点，是区分开感性的东西和思想，并用思想的东西——范畴来解释世界。而无论是水、无定形（阿拉克西曼德），还是空气（阿拉克西米尼），都还没有脱离感性的直观。

（一）理念世界：存在之遮蔽

哲学的发展经过苏格拉底到了柏拉图，作为“存在”的“生成”被“理念”所替代。在希腊文中，柏拉图所用的“存在”原意是指“某某可见的东西的可见状态”，“某某东西提供

插图 13：柏拉图（Plato，427—347BC），古希腊哲学家，提出理念论，将存在归结为不动的理念，为以后 2000 多年的整个西方哲学史奠定了基调，可视为最早的理性本体论的代表。

出的外观”。这无疑暗示了在大千世界的背后有某种实体，而这种东西不断地表现出来，为我们所视见；它也暗含着后来为哲学家们争执不休的现象与实在、存在与本质的截然二分。于是，从现象世界到理念世界，从意见到真理，就成了这种“理念”的自身澄明过程，成了逐步逼近“本质”和“原本”的历程，“本质”也就成了高于存在的“理念”。从此，询问“存在”的问题就被询问“本体”、“理念”的问题所替代。而在海德格尔看来，“本体”、“理念”并不是“存在”，而是一种“存在者”。“存在”和“存在者”是有区别的：第一，“存在”不是实体性的东西，它不是具体存在者的外在属性的总和，也不是它的“核心”和“本质”，而是存在者之为存在者的方式。第二，这种存在方式不是指某种现成存在的方式，而是指可能的存在方式，哲学的本质特征就在于去研究“比现实性更高的可能性”。这就是海德格尔所一再强调的“存在先于存在者”的意义所在，也是后来萨特推导出“存在先于本质”的真实涵义。它具有向未来无限开放的可能性。柏拉图的理念论设定了一个完满且有等级秩序的理念世界，而实际的世界只是理念世界的摹本。那个著名的“洞穴比喻”不仅把世界比作火光映在墙壁上的虚幻的影子，而且揭示了人类作为困在洞穴里的囚徒将永远无法认识理念世界的真相，有不可知论的萌芽。这里，理念作为纯粹观念的本体再次远离了具体的感性世界，活生生的感性世界的真实性被剥夺了。“全部西方哲学史都是对柏拉图的注脚”，如果怀特海是对的，那么这恰恰是西方哲学的失足之处，是西方哲学遗忘“存在”的后果。“存在”是一切存在者得以可能的条件，而存在者只有在存在中，即在使之成其为此存在者的可能的存在方式中才能得到真正的领会和释明。因此真正的哲学思考不能仅仅停留在存在者的水平上，而必须超越存在者达至存在的高度。传统的“本体论”正因为没有进到这一高度，所以是“无根的”。“本体论”若要彻底，必须进到“存在论”，这就是海德格尔的结论。

（二）目的论

亚里士多德比柏拉图更为“实在”一些。对于柏拉图视为虚幻的物质世界，亚里士多德则更重视其经验实在性。柏拉图认为天上的理念世界才是真实的，亚里士多德则更倾向于认为可感世界才是实在的世界。正因为如此，他也比柏拉图更重视个别事物的实在性。更重要的是，亚里士多德的四因说中含有“动力因”与“目的因”。亚里士多德是第一个注意到自然事物中有类似于生命活动的目的性的哲学家，并尝试用“隐德来希”（生命力）解释它，这对生成自然观有深远的影响。亚里士多德的目的论包含“内在目的性”与“程序目的性”思想，兹分述如下：

1. 内在目的性。亚里士多德认为，宇宙是一个有机的统一整体，自然具有内在目的，它的一切创造物都是合目的性的并且只通过自然本身的结构与机制来实现。亚里士多德的内在目的论与柏拉图的外在目的论的最大区别是，它不需要假定一个外在的造物主。自然的合目的性并非出于神的意志，而是可以根据自然的内在结构和作用机制，通过技术的方式来实现的。无意图也可能有目的，例如燕子做窝、蜘蛛结网、植物长叶子（为了结果实）、根往下生长（为了吸收养分），既出于自然、也有其目的性，而人类的许多技术发明都是模仿自然的。亚里士多德的这些合理思想已为现代仿生学和控制论所充分发挥。

2. 程序目的性。现代生物学家德尔伯里克和 E. 迈尔都发现，亚里士多德的程序目的性思想是他的目的论中可以提炼出来的最有价值的成分。E. 迈尔将“程序目的性”界定为按某种程序、某种信息密码而运行的动态过程。程序目的性这个词就意味着目标指向。一切程序目的性过程的特点在于包含两个因素：一是有某个程序指导（相当于亚里士多德的“形式因”，即造型因素），二是这类过程取决于由该程序所预定的某个终点、目标（相当于亚里士多德的“目的因”）。生物学研究表明，DNA 的遗传程序正是起到了“形式因”的作用。因此，德尔伯里克和 E. 迈尔都认为，“形式因”实质上就是程序目的性原则，相当于遗传程序。

（三）“整体大于部分之和”

“整体大于部分之和”的命题可以看做是古代“突现论”思想的萌芽。当然，两者之间是存在着区别的。突现现象包含了比传统的部分——整体关系更多的内容。

“整体先于部分”是指整体对于组成它的部分的解释学上的优先权。亚里士多德回答著名的芝诺悖论时提出了这个概念。芝诺坚持任意长度的距离可以无限分割，这意味着覆盖任意长度的距离需要扫过无穷的分量，这需要无穷的时间；但我们显然在有限的时间内做到了这一点！

亚里士多德对芝诺的回答是：线段首先和首要的是一个整体。是的，这个整体可以被分为无限的部分——但无论如何整体不能被还原为那些部分。实际上，仅仅因为线段是一个“先于部分的整体”，它才能够被覆盖。①

虽然“整体先于部分”与大于部分之和的突现结构的连贯性相似，但两者之间有关键的区别：“整体先于部分”包含着一个给定的、连贯的整体；而突现，如上所述，不是给定的，而是一个随时间涌现的动力学结构。下面我们再较为详细地讨论有关芝诺悖论的问题。

（四）关于阿基里斯追龟的悖论

阿基里斯在一个有限的时间段内追上了乌龟；可当我们试图把这个有限的时间段“拆分”开来再重新“装配”的时候，却发现阿基里斯又追不上乌龟了。也就是说，我们知道阿基里斯追上了乌龟，却不知道他是怎么追上的。这就是困扰了人类思维两千多年的芝诺悖论。

① 关于“整体大于部分之和”与“格式塔”和突现关系的分析，可参见 Jeffrey Goldstein：Emergence as a construct，载 Emergence：A Journal of Complexity Issues in Organizations and Management.

插图 14：芝诺（Zenon，336—264BC），古希腊哲学家。其著名的芝诺悖论尤其是“阿基里斯追龟”的悖论，实际上涉及关于“无限”的整体论思想。整体论是当代复杂性理论的基本概念。

另一个类似的悖论是“超级任务”悖论。“超级任务”悖论有很多版本，下面的版本是由哲学家马克斯·布莱克给出的：一个无穷大机器把一枚玻璃球在一分钟内从盘 A 送到盘 B，然后在 1/2 分钟内再把玻璃球倒回盘 A，在下一个 1/4 分钟又把玻璃球倒到盘 B，如此往复，每次的时间都是这个序列中前次的一半。这个序列是收敛的，在准确的两分钟时结束。玻璃球在哪里？如果它在某一个盘子里，就意味着最后倒盘的次数不是奇数、就是偶数。由于根本没有最后一次，所以两种可能性看来都被排除了。但是假如玻璃球不在盘子上，那么它在哪里？

“超级任务”悖论的关键也在于有限的两分钟被拆成了无限个时间点，于是我们不知道球最终将落在哪个盘子里。在这个意义上，它和芝诺悖论属于同一类型。不同的是它比芝诺悖论更刁钻：在芝诺悖论里，我们知道飞毛腿最终追上了乌龟，他只是在“理论上”追不上；可在超级任务里，我们理论上不知道答案，事实上也不知道答案！

一个已经完成了的过程却不能拆开来细细追究，这是此类悖论的全部奥妙。人类天然的“打破砂锅问到底”的好奇心受到一记重挫！其实我们在日常生活中可以无数次演练此类悖论：你在纸上画一条线段，它无疑包含了无限多个点；可如果我问你是怎么在有限的时间内画出无限多个点的，你也会张口结舌。人类被自己拥有的能力困惑了。

我们本来可以用小学算术很容易求出飞毛腿追上乌龟的时间，可是芝诺却用无限拆分的手段“引诱”我们去求极限。无限拆分再进行加和的方法与现代的极限法如出一辙。一旦我们去求极限，我们便落入芝诺的圈套，因为我们不仅默认了芝诺无限拆分方法的合理性，而且由于极限概念的含义是“无限逼近却永远不能达到”，我们也默认了飞毛腿将永远追不上乌龟；当然他可以“无限逼近”乌龟，但这不能给我们丝毫的安慰。

是亚里士多德最先转述了芝诺悖论。转述者和原创者一样是哲学大师，他一眼看穿了芝诺的伎俩，找出了悖论的关键，所以他的回答也是一语中的：线段首先和首要的是一个整体。是的，这个整体可以被分为无限的部分——但无论如何整体不能被还原为那些部分。实际上，正因为线段是一个“先于部分的整体”，它才能够被覆盖。这是“整体大于部分之和”的现代整体论思想的最初表述。亚里士多德申明整体对于部分的优先权，断然拒绝了芝诺的将线段无限拆分再重新组合的思维逻辑。

但同样明显的是，亚里士多德在这里也偷运了一种不可知论：飞毛腿（人类）在有限的时间内跨过了无限，类似于我们在纸上画出一条线段，这是人类力量的象征；但我们却无法追究这种力量是怎么发挥作用的，也不知道这种力量的源泉。

“整体先于部分”也在其现代化身“格式塔”（Gestalt）的概念中被表现出来，它的现代含义来源于德国大诗人歌德，后来几经演变，成为心理学中知觉的基本单位。其基本思想是，知觉通过对整个模式的识别而产生。比如我们对一张人脸的知觉，是人脸先作为一个模糊的整体浮现在我们的知觉里，然后才逐渐知觉到面部细节，因此，我们一眼便认出自己熟悉的老朋友。这个过程绝不会倒过来：即先知觉到各个面部细节，然后才进行“加和”而认出一张熟悉的人脸来。格式塔心理学重申了亚里士多德的整体对于部分的优先权，再次张扬了人类知觉（思维）领域里的主动构造能力；但在拒绝芝诺无限拆分法的同时，和亚里士多德一样，它也默认了我们不能对人类的这种能力进行有效的理论说明。

人类拥有的这种神秘的能力困惑了无数代哲人大师。康德的“先验统觉”、黑格尔的“绝对精神”、胡塞尔的“本质直观”……都是哲学大师们给这种神秘力量所起的名字。于是出现一种有趣的现象：人类一方面为拥有这种力量而惊喜，另一方面又为这种力量无法得到有效说明而困惑。这究竟是人类的辉煌呢，还是人类摆脱不掉的尴尬？恩格斯曾经说过：无限纯粹是由有限组成的，这本身就是矛盾。其实是恩格斯的表述不够准确。应该说，真正矛盾——也就是悖谬——的地方在于：有限里面包含着无限。这严重违背了我们的日常思维的逻辑，可它恰恰是生活里可见的事实。我要再说一遍：对这类问题的思考是超出了人类有限的认识能力的，而这就是悖论出现的原因。我们不得不惊叹康德那神明般的洞察力：他早就发现了人类的二律背反，它来源于人类试图超越此岸思考无限的野心。

也许真如康德所言，人类这有限的造物怎么可能超越自身去思考无限？"二律背反"不就是典型的悖论吗？他认为，承认自身的有限性是人类在无限宇宙面前应有的谦虚，正如霍金所言："看来上帝的袖子里还藏着很多我们所不知道的秘密。"

顺便谈谈科学与哲学的关系问题。

科学与哲学真是一对欢喜冤家，有道不尽的恩恩怨怨。古希腊人是第一批试图对自然和宇宙进行理性思考的人群，这里的"理性"既包括科学方式，也包括哲学方式；古希腊的大师们都身兼科学家与哲人于一身，这种传统一直延续到笛卡儿和牛顿时代。牛顿发表他的那本划时代的巨著时仍然把自己的学说称为"自然哲学"。是黑格尔败坏了哲学家的声誉，黑格尔无疑是一个伟大的哲学家，但却不是一个好的自然科学家。他的《自然哲学》将自然硬塞进他的所谓辩证体系的框架里，说了很多关于自然科学的昏话，引起科学家们的反感和厌恶。黑格尔的思想多年来阴魂不散，使自然科学家对所谓哲学的"指导"谈虎色变，避之唯恐不及。

如今，事情已经发生了天翻地覆的变化。随着自然科学突飞猛进的发展，哲学的重要地位正日益彰显。现代科学已经将探索的光芒照射进普朗克尺度的微观量子时空和150亿光年的深邃宇宙，在此“激动人心的年代”，缺乏哲学素养的科学家已经不可能再有什么大的作为了。20 世纪 60 年代，美国科学哲学家库恩就提出了以“范式”概念为基础的科学演进模式。不管库恩本人对范式有多少相互矛盾的定义以及后人对此概念有多少歧义的解释，但范式中包括了哲学（形而上学）、世界观及价值观却是不争的事实。库恩实际上告诉我们，理论的选择、科学的演进无时无刻不受到科学共同体所具有的哲学世界观甚至文化心理因素的影响。科学其实充满了谬误和偏见。自然科学以“绝对真理”自居并自傲于人文科学的时代一去不返了。

科学史上的事实一再证明了库恩的洞见。哲学在大多数情况下并无意于指导自然科学，而自然科学却常常主动叩响哲学的大门。哥白尼受到毕达哥拉斯和柏拉图的影响，牛顿受到笛卡儿二元论的影响，爱因斯坦受到休谟和康德的影响，这些都是科学史上公认的事实。作为 20 世纪初物理学革命的主将和旗手，爱因斯坦深有感触地说：“物理学的当前困难，迫使物理学家比其前辈更深入地去掌握哲学问题。”因为当前危机的根源在于科学缺乏哲学的基础，“这就好像是从一个人脚下把大地抽走，在任何地方都找不到坚实的地基，以资建筑大厦。”量子力学的创始人玻尔晚年则醉心于东方神秘的整体论思想，并对老子的《道德经》爱不释手。在当代宇宙学领域里，霍金与彭罗斯关于决定论与自由意志的争论则是玻尔与爱因斯坦之间的争论在新的时代条件下的延续……随着科学与哲学的进一步发展，这一对历史上的欢喜冤家再次放弃偏见、重修旧好、水乳交融的时候应该不远了吧！

科学止步的地方，往往就是哲学运思的空间。当然，我们必须警惕用哲学的狂妄代替科学的狂妄。哲学只是将悖论与困惑以它原初的形式摆在我们面前，指出这是我们人类有限的认识能力所无法企及的。哲学只是教会我们谦虚。量子力学的创始人和哲学发言人玻尔曾经说过一句意味深长的话："谁不为量子力学所困惑，谁就没有真正弄懂量子力学。"我们必须假定玻尔自己是弄懂了量子力学的人之一，那么，玻尔本人一定也一直深深处于量子力学所带来的困惑与苦恼之中。人类发现了量子力学，却为量子力学的哲学含义所震惊和困惑！我们发明了"极限"、"无限"之类的概念并且几乎天天在用，却很少听说有人为此而震惊与困惑。人类不必为此感到自卑，但却从此一定要学会谦虚。当我们像那个小学生一样自以为彻底破解了芝诺悖论而踌躇满志的时候，连芝诺那个小老头也会躲在暗处偷偷发笑……

(五)"格式塔"

"整体先于部分"的非动力学性质也可以在其现代化身"格式塔"的概念中被表现出来（整体形式或构型）。前面已经论述过，"格式塔"的现代含义来源于德国浪漫派诗人、哲学家与科学家歌德，其用法的确类似于当代复杂性理论中秩序如何从混沌中突现。后又几经演变，此概念成为格式塔心理学知觉的基本单位。其先驱之一冯·厄伦费尔斯（Christine von Ehrenfels）认为，知觉是通过对整个模式的识别而产生的，这很像当代复杂性理论家的话："整体大于部分之和。"早期的突现研究者曾借用此术语描述突现现象。但像"整体先于部分"一样，格式塔也是一个预先给定的整体，不具有突现的动力学含义。

(六) 原子论

代表人物是德谟克利特和伊壁鸠鲁。这是还原论与构成论思想的渊源。其基本观点是，万物的本原是原子和虚空。原子是不可再分割的，它们在虚空中运动。其运动和相互作用受盲目的必然性支配。原子在虚空中的结合与分离就是物质的产生与毁灭。原子只有空间性而无时间性。原子本身不存在生灭与转化。这仍然是巴门尼德"存在不能从非存在产生"思想的翻版。不过伊壁鸠鲁改造了德谟克利特的原子论，使原子发生偏离直线轨道的

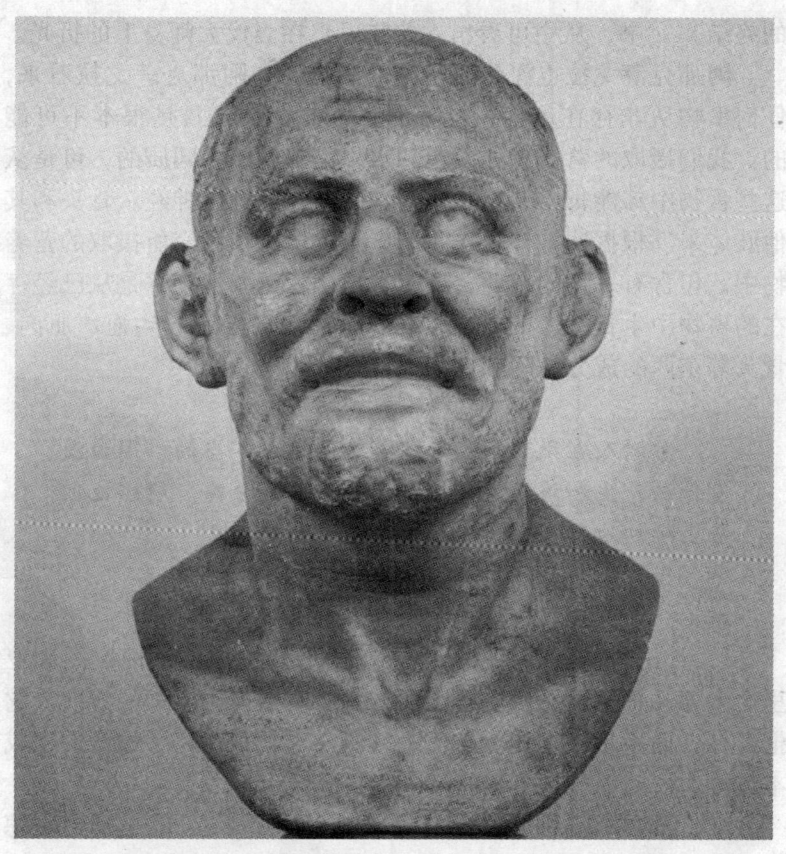

插图 15：德谟克利特（Democritus，460—370BCE），古希腊原子论的代表人物之一。西方本体论发展的最初阶段为原子本体论，将存在归结为孤立分散的原子。

偏斜运动，这在哲学史上是第一次引入了偶然性与不确定性思想，它影响了马克思直至当代的普里高津。马克思在他的博士论文中高度赞扬了伊壁鸠鲁对偶然性的重视，并从中引申出人的自由和伦理责任。普里高津立足于当代自然科学写下了《确定性的终结》一书，从中可看出古希腊思想在当代大师身上的折光。

阿那克萨戈拉也深受原子论的影响。在阿那克萨戈拉看来，任何事物从非存在产生，或者消解为非存在，乃是根本不可能的。我们摄取的营养物如面包和水，是单纯的、同质的，可是从这些食物中却能长出头发、血管、肌肉、筋腱、神经、骨头和其他肢体来。根据这种情况，我们应当承认，在我们所摄取的营养物中，包含有一切的东西；还应当承认，每一事物都是从已经存在的事物中生长出来的。在营养物中必定已经有产生血、肌肉、骨头等东西的成分。阿那克萨戈拉宣称：

> 希腊人在说到产生和消灭时是用词不当的，因为没有什么产生和消灭，只有事物的混合和分离。所以他们应当确切地称产生为混合，称消灭为分离。①

结论：

1. 宇宙本体论的主流思想是原子论与构成论，柏拉图和亚里士多德几乎主导了以后整个西方哲学对本体论探索的方向。它把存在者而不是存在作为本体论的研究对象，背离了最初的生成本体论。

2. 宇宙本体论中有生成论思想的因素，特别是亚里士多德的目的因思想对系统论思想的形成影响很大。

四、理性本体论

理性本体论从笛卡儿肇始，他以“怀疑一切”的勇敢精神为哲学殿堂做了一番清扫地基的工作。可以说，笛卡儿的名字即标志着近代。“怀疑一切”既包括怀疑前人的哲学成果，也包括

① 汪子嵩等：《希腊哲学史》，人民出版社，1988年版，第881页。

插图 16：笛卡儿（R. Descartes，1596—1650），近代理性本体论的代表人物，二元论者，后来大陆理性主义与英国经验主义的两分即由此发端。在西方哲学史上，笛卡儿的名字即标志着近代。

怀疑自我的存在，将客观世界与主观自我的真实性都暂时“悬搁”起来（借用胡塞尔现象学的术语）。他从意识结构中剥离出“我思”，开主体与客体、精神与肉体二分之先河，并提出了“我思故我在”的著名命题，从而破天荒第一次将西方哲学的重心从外部转移到内部、从客体转移到主体。发现自我是西方哲学进入近代的标志。这一阶段的本体论的主要任务是从实体中脱胎出“自我”。后来的现象学与存在主义对人的意识结构的分析都可以在笛卡儿的“我思”那里找到源头。

从笛卡儿出发分为两支哲学派别——唯理论与经验论，都是广义上的理性主义，他们都认为物质和精神、感性与理性是两种独立的东西，视一个为本体必定排斥另外一个。从生成本体论的视角看，这种僵硬的对立忽视了生成与转化，最后必定走向穷途末路。经验论过分夸大人类的感性世界，感性世界的多变性必定导致世界的漂浮不定以及人类生存基础的失落。当贝克莱发掘出了洛克理论中早已潜存的唯我论时，经验论已经陷入困境，但还勉强能够支撑；到了休谟手中，经验论已被逼至这样的两难处境：要么重新检视并构筑自己的理论基础以获得新生，要么在自我矛盾与悖论中毁灭。唯理论的情况也好不了多少。斯宾诺莎将物质与精神视为同一实体（上帝）的两种属性（广延与思维），只是在表面上弥合了理性本体论造成的物质与精神的分裂。唯理论与经验论在思维方法上耽于僵硬的二元对立，都不可能真正揭示“存在”本身的真相。

（一）单子论

这里值得注意的是莱布尼兹的单子论。莱布尼兹的宇宙论与斯宾诺莎的宇宙论有一个重大区别，那便是莱布尼兹的自然有机体的思想。罗宾·柯林伍德在他的《自然的观念》中这样叙述莱布尼兹的自然哲学：

> 莱布尼兹的自然是一个庞大的有机体。其部分是更小的有机体，被生命、生长和努力所渗透，组成了以几乎纯粹的机械为一端的，以心理生命发展的最高意识为另一端的一个连续的等级，并带着一种恒常的驱动或奋争沿着等级上升。诚然，这个理论有它巨大的优点，但关于实在的心理和物质两方面之间的关系，归根结底还是不可理解的。莱布尼兹也像斯宾诺莎那样看出，有机体作为物质的生命，即生命的物理过程，必须由纯粹的物理规律来说明，而它作为精神的生命又必须仅仅由精神的规律来说明。所以当他问自己为什么对我身体的打击会伴随着精神的痛苦时，他除了说明在两个因素的系列之间有一种预定的和谐（pre-established harmony）

外，给不出任何答案，而和谐是被上帝——所有单子的单子——的律令所预先确定的。①

插图 17：莱布尼兹（G. W. Leibnitz，1646—1716），笛卡儿之后大陆理性本体论的代表人物。其著名的“单子说”被后来耗散结构理论的创始人普里高津用来说明自组织系统内的“长程关联”现象。

① 罗宾·柯林伍德著，吴国盛、柯映红译：《自然的观念》，华夏出版社，1999 年版，第 121—122 页。

莱布尼兹的“单子论”是具有现代意义的自然观。“耗散结构理论”的创始人普里高津特别推崇“单子论”，他在其名著《从混沌到有序》中对单子论作了如下评价：

> 莱布尼兹引进了一个“单子”的陌生概念，这指的是一种不进行通信的物理实体，“它没有任何窗口可供东西出入”。他的观点常常被认为疯狂而不予考虑，然而就像我们在第二章里看到的，所有可能系统的基本特点就是在这些系统中存在着一种变换，这种变换可以用非相互作用实体来描述。这些实体通过它们的整个运动改变着自己的初始状态，但同时就像单子一样，和其他实体共存于一种“预先建立的”和谐之中，在这种表示下，这个实体的状态尽管完全自己确定，却也反映了整个系统直至最小细节的状态。
>
> 因此所有可积系统都可以看成是“单子”系统，反之，莱布尼兹的单子论也可以翻译成动力学语言，就是：宇宙是一个可积系统。这样，所谓单子论就成了对一个去掉了演化的宇宙的最重要的表述。考虑到莱布尼兹为理解物质活性所作的努力，可以衡量17世纪与我们时代的差距。那时工具尚未准备好；在一个纯机械宇宙的基础上，莱布尼兹不可能说明物质活性。但是他的某些思想，物质是活性的思想，宇宙是一个相互联系的单元的思想仍然和我们伴随，并在今天采取了新的形式。①

唯理论走到莱布尼兹与伍尔夫庞杂的形而上学体系时已积重难返，遂有康德的批判哲学出现。通过层层剥离出“先验自我”

① 普里高金等：《从混沌到有序》，上海译文出版社，1987年版，第360—361页。

插图18：康德（Immanuel Kant，1724—1804），伟大的德国哲学家，理性本体论者，他的三大批判终结了旧形而上学本体论。对当代复杂性科学与自组织理论来说，他的天才的“自然的合目的性”思想启示了复杂系统趋向终极目的的“吸引子”概念。

范畴（这是在笛卡儿“我思”基础上继续前进），康德完成了哲学史上的哥白尼革命：“知性为自然立法”，让自然界（现象界）围绕人类理性的太阳旋转。他的“物自体”学说留下了一大块哲学思维的“飞地”，供各个不同的哲学流派纵横驰骋。康德在一定意义上扬弃了外在世界的僵硬性和实在性，这为本体论的转换铺平了道路，因此，康德是一座不可逾越的桥。海德格尔曾这样评价康德：

> 如果人们今天将“存在论”和“存在论的”作为某些流派的标语和称号来运用，那么他们对这两个词的使用是非常外在的，并且他们误认了这里所含的问题。……存在论的问题与“实在论”毫无关系，因为能够在其先验的发问之中，并且随着这个发问而为存在论所做的明确奠基方面迈出了自柏拉图和亚里士多德以来的关键性的第一步的人，恰恰就是康德。仅仅通过向“外在世界的实在性”的进入，人们还不会处在存在论的方向上。而“存在论”——在通俗哲学的意义上——毋宁说是指——这正是那种无可救药的混乱之所在——那种必须被称之为存在者的东西，也就是指一种态度，即认为：存在者就是它本身，就是它是什么和怎样是。但存在的问题在这里还没有被提出，更不用说在这里获得一门存在论可能性的基础了。①

(二) 自组织和目的论

康德理论的现代意义是其中的自组织和目的论思想。康德认为，自组织的自然事物具有这样一些特征：一是它的各部分既是由于其他部分的作用而存在，又是为了其他部分、为了整体而存在；二是各部分交互作用，彼此产生，并由于它们间的因果联结而产生整体，“只有在这些条件下而且按照这些规定，一个产物才能是一个有组织的并且是自组织的物，而作为这样的物，才称为一个自然目的。”他举例说，钟表是有组织的却不是自组织系统，因为它的部分不能自产生、自繁殖、自修复，而要依赖于外在的钟表匠。康德还在《判断力批判》中专门探讨了目的论问

---

① 海德格尔：《论根据的本质》，载《埃德蒙德·胡塞尔纪念文集》，图宾根，1974年版，第78页。

题。他在考察人的认识能力时将两类判断力区别对待："规定的判断力"所遵循的原理就是知性的原理（相当于形式逻辑层次的规律与经验科学中起作用的因果原理），他把自然界规定为一个机械的因果系统；"反思的判断力"则更关注单纯的机械因果性所无法把握的那类特殊事物。康德假定"自然的合目的性"，认为这是主体观察自然的一种有效方式。

康德时代机械论的影响仍然非常强大，系统科学远没有发展起来，因此无法从科学上直接找出"自然合目的性"的客观依据。康德的天才在于他能猜测到，自然的客观内在的合目的性原理尽管还不能断定为"构成性"原理，却是一条富有启发性的反思原理。康德认为，在我们观察世界的构成时，机械论原理与目的性原理各有所长并相互补充，如果把机械论原理限定于知性范围，目的性原理限定于反思范围，则两者的二律背反或许可以克服。这正是康德写《判断力批判》的苦心。

（三）自然的自我实现冲动

康德未完成的工作由黑格尔来做了。黑格尔取消了"物自体"，把它消融在无所不包的"绝对"之中，黑格尔把万物连接成一个环环紧扣的逻辑链条，是进化和生成的辩证法。这部分回复到了古希腊和中世纪关于"潜能实现"的思想。在德国哲学家克劳斯·迈因策尔的著作《复杂性中的思维》中，引用了黑格尔《精神现象学》的话："然而整体也就只是通过自身的发展而达到完满的那种本质。"当然，这是概念的自我发展，是概念自身固有的逻辑过程的展开。整体观念的确是黑格尔思想的重要特征，因此有理由将黑格尔的自然观称为"向现代自然观的转变"。黑格尔和亚里士多德都认为，自然中似乎存在着一种"自我实现"的冲动，但却总是不能完满达到目的。对此亚里士多德的解释是，自然中存在一种神秘的"反冲力"，阻碍自然的自我实现。但黑格尔对此却有一种完全不同的、充满现代色彩的解释，罗宾·柯林伍德对此有一段很精彩的论述：

在他（黑格尔——引者）看来，自然是一个抽象，贝克莱和康德也是这么认为的。但它是个实在的抽象，不是意识（mental）的抽象。我所指的实在的抽象是在一个实在过程本身中的一个实在阶段，并不考虑它将导向的下一个阶段，因此一个叶苞的生长是个实在的发生过程，它发生在叶子完全成型之前。这两样东西即苞和叶的分离，并不是人心灵的虚构，但是尽管苞具有自身的特性，不同于叶子的特性，它也在进行转变为叶子的活动，这个活动是其本质的部分，而且是其本质中最基本的部分。苞和叶是一个过程的两个阶段，苞本身是那个过程的一个抽象，但它是自然造成的一种抽象，它随处都以这种方式经历一个过程的若干相继的阶段，一件事接着一件事地去做。黑格尔认为自然作为一个整体，它蕴含心灵的方式与苞蕴涵叶的方式相同。自然首先应当是其本身，这样我们关于它的概念才是真的，而不是虚幻的。但自然只是暂时地是其本身，它将不再是其本身而转化为心灵，就像叶苞是其本身仅仅为了不是其本身而转变为一片叶子一样。这个叶苞在整个过程中作为一个转变阶段的临时的特性，在逻辑上表现为叶苞观念中的一个自我矛盾，一个存在与演变之间的矛盾。这个矛盾不是植物学家的错误，它根本不是什么错误。就实在意味着此时此地存在的东西即自然界而言，它是实在中固有的一个特性。①

① 罗宾·柯林伍德著，吴国盛、柯映红译：《自然的观念》，华夏出版社，1999 年版，第 143 页。

插图 19：黑格尔（G. W. Friederich Hegel，1770—1831），他的以“绝对精神”为核心的庞大的形而上学体系是康德以来西方理性本体论发展的顶峰。但黑格尔不是一个好的自然科学家，他的关于宇宙“自我展开”以及“终极目的包含在最初开端”的天才思想给了当代复杂性科学以深刻的启示。

黑格尔在他的无所不包的哲学体系中描述的从逻辑到自然，再从自然到心灵的生成过程是一个逻辑的演变过程，而不是在时间内的生成过程。这是“绝对精神”回归自我的历程：

> 在一方面，从苞到叶的过程与从自然到心灵的过程比较并不完善。从苞到叶的过程在自然之中，因此也在时间之内：苞存在于某一时间，叶存在于其后的时间。很显然，从自然到心灵的转变不能陷于自然中，它把我们带离出自然的观念，因此这种转变不是一个时间的转变，而是概念或逻辑的转变。照黑格尔看来，永远不会存在一个时刻，那时，整个自然变成为心灵；反过来，也永远不会存在一个时刻，那时自然丝毫也没有成为心灵。心灵永远是且从来是生长于自然的，这有点像受引力作用的物体，它们一直在产生力场，或者类似于一列级数，它们一直把自己导向无限。①

(四)“理性的狡计”

黑格尔所谓“理性的狡计”的思想也颇富深意。他在《逻辑学》和《历史哲学》里都讲过，理性好像一只狡猾的狐狸，它为了使自己作为目的实现于客观事物之中，却佯装不作任何干预，让各个要素和每个人按自己的主观意愿各行其是，相互冲突，相互抵消，结果不动声色地达到了自己的目的。如果对此思想作出现代解释，这正是对序参量如何引导自组织系统实现目的性过程所作的最生动形象的描述。

① 罗宾·柯林伍德著，吴国盛、柯映红译：《自然的观念》，华夏出版社，1999 年版，第 143 页。

结论

1. 理性本体论对存在进行探索的理论结果是康德的“物自体”概念，它为各派学说留下了自由发挥的空间。“物自体”概念比宇宙本体论更加远离了古希腊最初的生成概念。康德理论中的自然的合目的性思想是其理论中现代意义最强的部分。

2. 黑格尔通过把“物自体”变为绝对精神的一个最初环节而消解了它（在黑格尔哲学中，物自体是一个最简单、最贫乏的规定：“存在”）。由于消融了僵硬的“物自体”，黑格尔哲学中充满了转化与生成的辩证法。这为向生成本体论的复归作好了准备。

五、分析哲学：存在之消解

M. 怀特在《分析的时代》中写道：20 世纪的所有哲学派别几乎都是从攻击那个声名赫赫而又思想庞杂的德国教授开始的。他是指黑格尔。黑格尔哲学是理性本体论登峰造极的形式。攻击黑格尔意味着对形而上学与本体论的消解。分析哲学的主将罗素曾是黑格尔哲学的信徒，但后来却以彻底反叛的姿态向黑格尔哲学发起了全面进攻。

（一）整体与部分

罗素承认，他之所以这么快地脱离了黑格尔的怀抱，是受到另一个名叫摩尔的哲学家的影响。和亚里士多德与黑格尔一样，整体与部分的思想再次引起分析哲学家的关注。

摩尔是罗素在剑桥时代的好友，自称素朴实在论者，以“保卫常识”自居。他在 1925 年发表的一篇文章的题目就叫《保卫常识》。在这篇著名的讨伐黑格尔的檄文中，摩尔提到，那些对于世界具有常识观点的人会接受一定数量的基本信念。我们都知道宇宙中存在着人的身体、动物、植物、山、沙粒、矿石、土壤、河流、海洋、各种人造物……房子、椅子、桌子和铁

插图 20：罗素（Bertrand Russel，1872—1970），英国哲学家，分析哲学运动的创始人和领袖之一。在将数学还原为逻辑的工作中他发现了著名的“罗素悖论”。这次数学危机导致哥德尔提出“不完全性定理”，彻底终结了人类试图获得确定无疑的“终极真理”的梦想。

路机车，以及地球自身以外的巨大的物体——月亮、太阳、星星和其他天体。摩尔宣称，物质对象是这样一种东西：甚至我们不意识到它们时，它们也可以存在，许多物质对象事实上就是这样存在的。而且几乎可以肯定，有一个时候地球上没有具有人类意识的人类躯体。令摩尔感到惊讶的是，世界上竟有这样一些哲学家，他们宣称知道宇宙间有一些常识所不知道的最重要的东西，他们宣称知道宇宙间没有（或至少是，如其有，我们也不知道）那些常识完全相信其存在的东西。摩尔则坚定地站在常识一边，他要求那些违反常识的哲学家拿出令人信服的证据来。

这的确令人振奋！长期被唯心主义的抽象、烦琐的论证弄得沉闷窒息的哲坛，如今吹进来一股清新、舒爽的凉风。摩尔向哲学界投掷了一颗重磅炸弹，把庞杂、繁芜的哲学体系炸成碎片。柏拉图说，哲学起源于惊奇。摩尔则说，他从事哲学的动因起源于他对哲学家们所说的话感到惊奇。摩尔的名字风靡了哲坛，甚至连同他那著名的习惯——碰到令人奇怪的哲学论证时总要深吸一口气以表示惊讶——也被传为佳话。

罗素承认，当摩尔开始反叛黑格尔时，他是“带着一种解放的感觉紧随其后”。对于黑格尔的宇宙的历史是绝对精神自我运动、自我展开的历史的理论，罗素在他的著名的《西方哲学史》一书中以自己特有的口吻挖苦道：仿佛整个宇宙都在学习黑格尔的哲学，并不断把它学到的东西变成现实。罗素这样叙述自己的思想转变：

> 黑格尔把宇宙看做是一个紧密结合的整体。他的宇宙很像果子冻，你碰一下它的任何一个部分，整体就发生颤动。但它又不同于果子冻，我们不能在实际上将它划成部分。他认为，表面看来，整体由部分构成，但这是一种幻觉，唯一的实在是绝对。绝对是他给上帝起的名字。在这种哲学中，我暂时找到了慰藉。……使自己相信时空是不真实的，物质是幻象，世界实际上不过是由精神构成的，这有一种不可言状的乐趣。①

但罗素很快就抛弃了黑格尔的哲学，因为他在黑格尔本人那里“立即发现了一种由含混和……比双关语好不了多少的东西组成的混合物。”罗素认为，黑格尔哲学在整体与部分的关系问题上具有严重的缺陷：由于相信一个无所不包的全体，这使黑格尔进一步认为只有整体、大全才是真实的，部分只是幻象。要认

① 《伯特兰·罗素的哲学》中“我的思想的发展”，第11页。

识部分，必须认识与之相联系的整体；而我们如果彻底认识了一个部分，也就认识了这个无所不包的整体。换句话说，一个孤立的真理不可能是全真的。整体的各个部分相互联系，而这种联系正是整体的内在特性，这便是唯心主义的“内在关系说”。

打个比方，若我们想知道“甲是乙的舅舅”这一命题是否为真，则我们必须知道甲的姐姐是乙的母亲，而欲知道甲的姐姐是乙的母亲，又必须涉及甲的姐姐的父母及乙的父母，而欲知道甲的姐姐的父母及乙的父母，我们又必须涉及甲的姐姐的父母的父母及乙的父母的父母……以此类推。我们从一个单一的命题出发，竟涉及整个宇宙全体！

然而，事实是，我们知道无数个“甲是乙的舅舅”这类命题，却并不知道也不必知道整个宇宙的知识。由此可见，黑格尔的逻辑体系必定在什么地方出了问题。

关于“内在关系说”，莱布尼兹举了一个极端的例子。他说，如果一个住在欧洲的人有一个住在印度的妻子，妻子死了，他完全不知道，那么，他在妻子死的当时，经历了一种“内在关系的变化”。

但罗素坚决反对这种说法。他以英国学者所特有的对感性经验的注重，坚持认为关系是实在的。关系不能还原为关系者的内在属性。

当然有些关系的确可以还原为关系者的内在性质。如A与B相爱，这种关系可还原为他们各自的心理状态。又比如，甲是乙的同学，这种关系也可还原为：甲在某某学校读书，乙也在某某学校读书。但罗素认为这种还原只适合于对称关系。对于非对称关系，即那种A对B适用、但B对A却不适用的关系，则无法进行这种还原。罗素以A先于B这种关系为例：如果A先于B，那么B并不先于A。如果你要用A和B的形容词来表示A对B的关系，那么你就只好借助于日期。你可能说A的日期是A的一种属性，B 的日期是 B 的一种属性。但这对你并无帮助，因为你必须继续说 A 的日期先于 B 的日期，所以你会发现丝毫没有逃脱这种“先于”关系。如果你采取另一种办法，把这个关系看做是 A 和 B 构成的整体的一种属性，那么你的处境就更糟。因为在这个整体中，A 和 B 全无秩序，因而你不能区分是“A 先于 B”还是“B 先于 A”。由于在大部分数学中主要是这种非对称关系，所以这个学说很重要。

可以看出，罗素是站在经验主义和分析哲学的立场看待黑格尔哲学的，完全抛弃了黑格尔哲学在整体与部分关系问题上的辩证法。对于有机论哲学来说，分析哲学是一种倒退。

（二）“存在悖论”

对形而上学与本体论的消解，必定带来对存在问题的消解。分析哲学家在我们日常语言中发现了关于“存在”的悖论。

最早明确提出这个问题的是奥地利哲学家梅农。梅农发现，当我们说“金山不存在”这个句子时，我们在表达一个有意义的真命题。可当别人问起“什么不存在”时，我们回答说：“是金山”。麻烦就在这里：我们怎么能够把某种属性赋予非存在的东西？换句话说，一个不存在的东西怎么能够成为一个有意义的句子的主语？当我们说“金山不存在”的时候，仿佛世界上有某个东西叫“金山”，它有不存在的属性，这难道不是绝对的荒谬吗？

我们在日常谈话中经常煞有介事地谈论一些不存在的东西，除“金山”之外，类似的还有“方的圆”、“独角兽”、“半人半马的怪物”……当然，也包括“鬼”。这使我们的世界里挤满了各种各样的存在物，它们出现在我们的言谈中，以一种幽灵般的方式参与这个世界。这究竟是怎么回事？我们的语言到底出了什么问题？

摩尔在他的讲演中也多次提到这个令人困惑的“存在之谜”。

插图21：梅农（Meinong，1853—1928），奥地利哲学家，最早提出所谓“存在之谜”，即语言中某些用做主词的词语如“金山”、“圆的正方形”等在现实中无客观指称的悖论。他的研究启发罗素提出著名的摹状词理论。

说一个半人半马的怪物不存在，似乎就等于说不存在半人半马这样的东西；我们会十分坚决地认为，实际上没有这种东西；它是纯粹的虚构。但是还有另一个初看起来是同样清楚的事实。我们肯定能想像一个半人半马，我们都能想像这样一种东西。而且想像一个半人半马肯定与想像虚无不是一回事。还有，想像一个半人半马明显与想像一个鹰头狮身带翅膀的怪物也不是一回事。而如果这两者都是虚无——都是纯粹的非存在物，那么在想像这一个与想像那一个之间看来就毫无区别了。由此看来，一个半人半马就不是虚无；它是我确实

> 在想像的某种东西。而如果它是某种东西，那么这与我们说存在这种属性，难道有什么区别吗？当我想像一个东西时，我确实在想像某物；而且这个作为“某物”的东西看来必定存在——存在着这样一个我所想像的东西。而“半人半马”看来也只是我想像到的那个半人半马的名称，由此看来，也必然存在半人半马这样一个东西，否则，我就不能想像它。因此，我们怎能坚持这样一个好像十分确定的命题：不存在半人半马这样的东西？①

有人可能会说，独角兽等存在于纹章中，哈姆雷特存在于莎士比亚和读者的头脑中，这和拿破仑存在于历史中没有什么两样。但谁都明白，纹章中的独角兽不是一个拥有血肉之躯的、能自己行动和呼吸的动物，而只是一个图像；同样，我们在读《哈姆雷特》剧本时，只有我们心中的思想和感情是实在的，除此以外，没有一个客观的哈姆雷特。而拿破仑却实际存在过，历史上的许多重大事件与他联系在一起。如果没有人想到哈姆雷特，就无所谓哈姆雷特。但没有人想到拿破仑，拿破仑马上会使人想到他。只存在一个世界，这就是“实在”的世界。如果独角兽在动物学中不存在，那么，在逻辑学中也不应该存在。罗素要求我们观察世界时，必须有一种“健全的实在感”。

中世纪唯名论者奥卡姆有一句名言：如无必要，勿增实体。这就是哲学史上著名的“奥卡姆剃刀”，它削掉一切不必要的实体，使我们的思维简单、清晰。罗素也接过了这把锋利的剃刀，宣称：尽量用已知的逻辑推论代替未知实体。罗素认为，如果我们容许“独角兽”、“金山”、“方的圆”之类冒充的实体滥竽充数

① 摩尔：《哲学的一些主要问题》，第212—213页。

插图 22：奥卡姆（W. Ockham，1285—1349），中世纪唯名论者。其提出的著名的“奥卡姆剃刀”概念揭示了自然界的简单性与人类思维的经济性，至今仍然是人类探索真理的有力工具。

地拥挤在这个世界上，只能证明我们对真正的实在“缺乏感情”。

与此相关的第二类难题是排中律的失效。排中律是指：两个相反的陈述必有一真一假。请看下面两个命题：

（1）当今的法国国王秃头。

（2）当今的法国国王不秃头。

根据排中律，这两个命题必有一真一假。但事实并非如此。由于法国已废除了君主制，不存在国王，因此，两个命题都是假的。排中律在此失效。

不仅如此，还存在“同一性替换”的麻烦。根据传统逻辑，如果两个概念具有相同的指称，则它们在句子中可以互换，句子的含义不发生变化。比如，“曹雪芹”与“《红楼梦》的作者”这两个概念，便是具有相同指称的概念。但在下面的命题中：

(3) 罗素想知道曹雪芹是否是《红楼梦》的作者。

若我们进行这种“同一性替换”，便出现：

(4)“罗素想知道曹雪芹是否是曹雪芹”这样奇怪的句子，显然严重贬低了罗素的智力。

与此类似的句子还有：

(5) 琼故意枪杀从窗户里爬进来的男人。

爬进来的那个男人是康拉德。

所以，琼故意枪杀康拉德。

康拉德是琼的丈夫，他休假时丢了家门钥匙，并且提前回家，只好夜里从窗户爬进来。琼并不晓得这是康拉德。她真的想要枪杀康拉德吗？她承认开枪是故意的，但坚决不承认她故意枪杀康拉德。但“爬进来的男人”和“康拉德”恰恰指称同一个人。琼该如何替自己辩护？

(6) 俄狄帕斯想要同乔卡斯塔结婚。

乔卡斯塔是俄狄帕斯的母亲。

所以，乔卡斯塔想要同他的母亲结婚。

这是大家都熟悉的希腊故事：一个王子在自己不知真相的情况下杀父娶母。俄狄帕斯是故意乱伦吗？我们的语言竟把世界弄得如此混乱、颠倒，实在是匪夷所思。

(三) 摹状词理论

罗素解决问题的方式并不复杂，他区分了两类名词：一类是专名，指称实际存在的事物，如“苏格拉底”、“伦敦”等；另一类是所谓的摹状词，实际上是描述事物属性或特征的短语，如“生活于古希腊的哲学家”、“英国的首都”等。我们立即看出，专名实有所指，而摹状词不一定有实际存在的东西与之对应。像“金山”这种词，看似专有名词，其实是伪装了的摹状词，我们可用逻辑分析技术将其消去。

对于“金山不存在”这样的句子，可以改写如下：

没有这样一个 X，使得当 $X=C$ 时，“X 是金的并且似山”这一命题为真，否则为假。

这样，罗素像变戏法似的消掉了“金山”这个词。这符合他一贯追求的世界的简单性原则。

同样，命题（1）可改写为：有这样一个 X，使得当 $X=C$ 时，“X 对法国行使王权并且秃头”为真，否则为假。

相应地，命题（2）可改写为：有这样一个 X，使得当 $X=C$ 时，“X 对法国行使王权并且不秃头”为真，否则为假。

显然，这样的 X 不存在，因此，两个命题都是假的。

关于“同一性替换”的难题，我们可以看出，命题（3）中“《红楼梦》的作者”、（5）中“从窗户爬进来的男人”、（6）中“俄狄帕斯的母亲”都属于摹状词。摹状词与专有名词有区别，它们在有些场合下不能替换。特别是对于含有情态动词的句子，我们更应特别小心谨慎。这类情态动词包括“希望”、“想要”、“害怕”、“恐惧”、“故意”等。罗素认为，这种替换混淆了不同的逻辑类型。

摹状词理论看似简单，实则意义重大，因为它牵涉到“存在”这样一个重大的哲学本体论问题。罗素运用这一理论清洗掉了“金山”、“存在”这样一些被分析哲学家视为怪物的形而上学词汇，因此，它比其他任何一个理论对分析哲学运动进程的影响都要大。莱姆塞把罗素的摹状词理论称作“哲学分析的典范”；威斯登教授写道：“摹状词理论开辟了形而上学的新纪元”。就连一向以谦逊谨慎著称的罗素本人也沾沾自喜地宣称：“这就弄清了从柏拉图《泰阿泰德篇》以来持续了两千年的关于存在的思想混乱。”

然而，问题也恰恰出在这里！我们的日常经验清清楚楚地告诉我们，存在语句是不能毫无保留地被完全翻译成非存在语句的。不管你怎样拐弯抹角地摆脱它们，它们会或迟或早地以某种形式再现出来。有人指出，罗素的摹状词理论其实只是一种翻译技术，与将德语译成英语或将英语译成法语没什么两样。比如，如果“《红楼梦》的作者存在”可以翻译成联合断言“至少有一人并且至多有一人写了《红楼梦》”，如果这个译文是有意义的，难道不是因为我们能说像“《红楼梦》的作者存在”这样的东西吗？“狮子不存在”可以翻译成“‘狮子’这个词不指任何东西”，这种翻译立即会导致这样的问题：“为什么‘狮子’这个词不指任何事物？”当然，唯一的答案只能是“因为狮子不存在”。这种拐弯抹角并没有解决任何问题。“存在”这个词刚被从大门扔出去，它又从窗户里飞进来。如此看来，事情并不像罗素想像的那样简单，“长达两千年的在存在问题上所发生的混乱”还将继续下去。“金山”、“半人半马的怪物”……仍将继续在我们的口语中出现。同样，琼也仍然必须在法庭上为自己是否故意杀人而辩护。

在此，重温一下哲学大师康德的教导或许是有益的：

> 至于我，我持完全相反的意见。我认为，每当一个争论进行了一段时间，特别是哲学的争论，这种争论的实质决不仅仅是关于词句的问题，而总是一个关于事物的真正的问题。①

结论

1. 分析哲学以“拒斥形而上学”的姿态试图消解掉本体论

① K. 波普尔著，查汝强、邱仁宗译：《科学发现的逻辑》引语，科学出版社，1986年版，第7页。

问题，但关于“存在”的分析表明，本体论问题是无法回避的。

2. 分析哲学要求概念的清晰性和明确性，并注意到语言在人类思维中的巨大作用，甚至在哲学史上带来了“语言学转向”，这是分析哲学的历史功绩。

3. 分析哲学在整体与部分的关系问题上陷入了“形而上学”（恩格斯意义上的），由于片面强调分析的作用，使他们过分注重还原方法。分析哲学的本质特征与基本倾向是还原论的。

第二节 当代生成本体论

从柏拉图时期到现在的两千多年里，正如海德格尔所说，“存在”无可奈何地被“遮蔽”、被遗忘了。像分析哲学那样取消本体论无异于抽掉人类的安身立命之本。海德格尔在“形而上学的基本问题”的讲座中，曾引用了柏拉图在他的对话中所叙述的一个关于泰勒斯的故事：泰勒斯抬头望着天上的云，却没有注意脚下而掉到了井里。这时一个女佣便笑话他，说他那么急着要知道天上的事情，却看不到鼻子尖前面的东西。柏拉图在叙述完之后评论说：“这个笑话也适用于所有从事哲学的人。”海德格尔由这个典故引出他对形而上学的一段评论：

> “形而上学”这个名字在这里只是暗示着：它探讨的问题是处于哲学的核心和中心的问题……因而我们要尽可能地排除所有那些在历史的过程中附加在“形而上学”这个名字上的东西。对我们来说，它标志着那样一种活动，在这种活动的过程中，人们尤其要面临落

入井中的危险。[①]

这里所谓“落入井中的危险”，就是我们附加在“形而上学”这个名字上的东西，就是对“存在”的遮蔽和遗忘！

我们知道，海德格尔的方法来自胡塞尔的现象学，而现象学的著名口号即是“直面事物本身”。用胡塞尔的话说：“现象学是一门关于纯粹的科学”，“是限制在纯粹直观中的……本质研究”；用海德格尔的话说：“它让那显现自身者，以自己显现自身的方法，被从它自己那里看到。”从这里可以看出，现象学强调生成与流动，强调新现象、新结构的不断涌现，因此，它是与本书所探讨的突现论渊源颇深的哲学流派。它以某种方式突破了传统西方哲学对于个别与普遍、现象与本质的割裂，从而产生了某种突破传统哲学理论的、研究哲学的新方法。也正因为如此，我们认为海德格尔的哲学对当代生成本体论具有特殊重要的意义。

我们从胡塞尔的著作《被动综合分析》中追溯现象学方法的内涵：

> 我们在这个意义上把立义（Auffassen）称之为超越的统觉，它标志着意识的功效，这个功效赋予感性素材的纯内在内涵，即所谓感觉素材或元素素材的纯内在内涵以展示客观的“超越之物”的功能。[②]

这里的 Auffassen，倪梁康先生翻译为“立义”，而张祥龙先生则建议翻译为“统握”。它明显与“释义”（Auslegen）相对。

---

① 海德格尔：《事物问题》，图宾根，1962 年版，第 2—3 页。

② 胡塞尔著，倪梁康译：《被动综合分析》（《胡塞尔全集》第十一卷），海牙，1966 年版，第 17 页。

在胡塞尔那里，Auffassen 的确是一个活生生的、流动的过程：意向性将感觉材料整合——胡塞尔称之为“赋予灵魂”或“激活”——为对象，又将该对象设置为外物与自己对峙。这正是先验主体通过意向性构造意向对象的活动。

正是在这里，倪梁康先生与张祥龙先生的不同翻译颇堪玩味，它活生生地反映出二人对现象学的理解及其在学术旨趣上的巨大差异。

倪梁康先生将 Auffassen 翻译为“立义”，是强调了它的“向上”的趋向性，且在用词上与之将后来海德格尔用的“释义”正相对立，凸显了胡塞尔与海德格尔师徒间学术观点的潜在分歧，因为海德格尔的现象学实际上进入了一种解释学的循环；张祥龙先生翻译为“统握”，也强调了意向性的主动构成作用，但更在于显示胡塞尔现象学与康德“先验统觉”之渊源关系，为他后来将现象学老庄化、并将海德格尔理解为“东方圣人”埋下伏笔，而这恰恰是倪梁康先生所极力反对的。把 Auffassen 翻译为“立义”，拉开了胡塞尔与康德之间的距离。其实，在胡塞尔看来，康德的所谓“先验统觉”无非是“先验范畴 + 感性材料”，在某种意义上还是经验主义与理性主义的机械糅合，仍然被胡塞尔归为与哲学态度相对的“自然态度”之列，与强调本质直观的现象学是有巨大差别的。

从海德格尔对现象学与神学关系的分析中，可以看出海德格尔哲学的特点及其与胡塞尔现象学的微妙差异：

> 流俗之见认为，这两门科学中的每一门在某种程度上都以同一个领域——即人类生活和世界——为课题，只不过，每一门各以某种特定的把握方式为指导：神学根据信仰的原则，哲学根据理性的原则。而我们的论点则是：神学是一门实证的科学，作为这样一门实证科

> 学，神学便与哲学绝对地区分开来。[①]
>
> 我们自始就要对此关系问题做不同的理解，而且把它理解为两门科学的关系问题。[②]

“现象学与神学”是海德格尔1927年3月在图宾根神学院的讲座内容，那时他与其恩师胡塞尔的学术分歧尚未暴露，而胡塞尔也乐于看到其高足将现象学方法运用到各门学科领域。海德格尔本人是天主教徒，对于将现象学方法运用到神学领域的重任当是责无旁贷。而为了完成将现象学方法应用到神学领域的重任，海德格尔就必须证明神学是一门与哲学完全不同的“实证科学”。于是，上面所引的看似惊世骇俗的观点其实是现象学本身的内在要求。但这样一来，神学与哲学的关系就不再是人们通常所认为的信仰与理性的关系，而是两门性质根本不同的科学之间的关系。要完成一个如此剧烈甚至可以说是革命性的概念转换，对海德格尔这样的现象学大师来说也并非轻而易举。我们且看他对科学与哲学的存在论意义上的定义：

> 科学是为被揭示状态本身之故对某个向来自足的存在者领域或者存在领域的有所论证的揭示……倘若把科学理解为此在的一种可能性，那么，根据这种一般科学的观念就可以表明：科学必然具有两种基本可能性，即关于存在者的各门科学（存在者状态上的各门科学）和关于存在的这一门科学（存在学上的科学，亦即哲学）。[③]

海德格尔在其未完成的成名作《存在与时间》中区分了

①②③ 海德格尔著，孙周兴译：《路标》，商务印书馆，2000年版，第54—55页。

"存在"与"存在者",从此,对"存在"本身的追问成了海德格尔执著一生的学术主题。这里,探讨各种"存在者"的是各门实证科学,而探讨"存在"的则是一门——仅此一门!——科学,即哲学本身的任务,亦是永恒之"思"的任务。探讨存在者不同状态的各门实证科学之间的区别只是相对的,而实证科学与哲学的区别则是绝对的、本质的,因为"实证科学是对某个现成摆着的和已经以某种方式被揭示出来的存在者的有所论证的揭示。"[①] 换句话说,实证科学的成立是有前提条件的。那么,对神学来说,什么是"现成摆着的"?这也就是发问:神学的实证性是何种实证性呢?对此问题的回答直接决定着海德格尔创立"现象学神学"工作的成败。

> 人们会说:对基督教神学来说,现成摆着的东西乃是作为一个历史性事件的基督教……基督教——这就是现成摆着的实在,也就是说,神学是关于这个现成摆着的实在的科学。[②]

西方最普遍的宗教形式是基督教,海德格尔当然也就以基督教为例。神学研究应该从基督教本身出发——这难道不是显而易见、毋庸置疑的"事实"吗?如此,胡塞尔意义上的"绝对的自明性"、"绝对的自身被给予性"的现象学要求不正好得到了满足吗?然而,正是在这里,海德格尔斩钉截铁地回答:不!这里流俗的意见再次犯下概念性的错误:神学与基督教的关系绝不是外在的、对象化的关系,而是神学本身就是基督教历史的一个部分,它与基督教整体处于内在联系之中。毋宁说:"神学乃是基督教发展着的自我意识。"更进一步,它甚至是使得基督教本

①② 海德格尔著,孙周兴译:《路标》,商务印书馆,2000年版,第58页。

身的存在成为可能的东西的概念化的认识，也即对"基督性"本身的认识！于是，海德格尔得出结论：

> 对神学来说，现成摆着的东西（即实在）乃是基督性（Christlichkeit）。[①]

可见，信仰本身才是潜在的"前设结构"，是它作为"绝对的自明性"使得基督教这一世界历史性的事件成为可能。于是，海德格尔得出一个有趣的结论：神学作为实证科学乃是和历史科学具有同一的性质，"它本身属于这种基督教历史，为这种历史所拥有，又规定着这种历史本身。……它总是历史地表现着本身历史性地变化着的历史的自我意识……"[②]至此，海德格尔完成了将神学实证化的任务：神学不仅是一门实证科学，而且是一门类似历史科学那样的实证科学。

将神学当作一门实证科学，这的确是一个相当奇特而有趣的观点。虽然前文说过这是现象学方法本身的内在要求，但也毕竟给"流俗的见解"以极大的冲击。20世纪20年代，正是逻辑实证主义风起云涌、蒸蒸日上的时代。根据逻辑实证主义的"意义证实原则"，维也纳小组的主将和领军人物卡尔纳普断言宗教陈述是非科学的：

> 系统的神学宣称代表着涉及所谓超自然秩序的存在的知识。对这样一种声称必须像对其他关于知识的声称一样，加以严格的检验。如今我反复考虑认为，这种检验已经清楚显示传统神学只是早期时代的残余，与现在

①② 海德格尔著，孙周兴译：《路标》，商务印书馆，2000年版，第58页。

这个世纪科学思维的方式完全不符。①

这里无意在现象学与逻辑实证主义之间判定优劣，但很明显的是，卡尔纳普仅仅判定宗教神学与“科学思维”的方式不符——这毫无疑问是成立的；但若据此断定宗教神学的思维便是“无意义的”，这只能是站在极端科学主义的立场上才能得出的结论，与带有强烈人文主义色彩的现象学当然格格不入。

科学技术的突飞猛进与人类社会实践的巨大变革呼唤着新的哲学本体论的诞生。当代生成本体论在某种意义上是向前苏格拉底时期生成论的回归，但这是更高层次上的循环，是否定之否定过程。

一、提出的缘由

概括地说，当代生成本体论的思想渊源主要是老子的生成宇宙观、玻姆的隐序思想以及曼德勃罗的分形理论中有关潜在存在的思想。

（一）老子的生成宇宙观

由于东西方文化背景的不同，在西方发展原子论与构成论思想的同时，中国却发展出了一套以有机生成为特征的宇宙自然观。东方本体论一开始就以生成论为主流，这是东方思想对世界文化的重大贡献。这集中表现在老子的“道论”中。

众所周知，“道”是老子哲学体系的最高范畴，老子的生成论思想主要体现在“道”中，可引述如下：

> “有物混成，先天地生；寂兮寥兮，独立不改，周行而不殆，可以为天下母。吾不知其名，字之曰道。”

① 麦克格拉思著，王毅译：《科学与宗教引论》，上海人民出版社，2000年版，第86页。

（第 25 章）

“道生一，一生二，二生三，三生万物。”（第 42 章）

“道冲而用之或不盈。渊兮，似万物之宗。”（第 4 章）

“道之为物，惟恍惟惚。恍兮惚兮，其中有物；惚兮恍兮，其中有象；幽兮冥兮，其中有情，其情甚真，其中有信。……自今及古，其名不去，以阅众甫，吾何以知众甫之然哉，以此。”（第 21 章）

关于一、二、三的解释，《淮南子·天文训》中说：“道始于一，一而不生，故分而为阴阳，阴阳和而万物生。”这里，道是一，阴阳是二，万物是三。这里将“生成”等同于“是”，似乎背谬了原义：道“生”一而不“是”一，三“生”万物而不“是”万物。

王弼对“道生一，一生二，二生三，三生万物”的诠解是：“万物万形，其归一也。何由致一？由于无也。”这里王弼是反过来由万物追踪生成的起因，追踪到“一”那里，又把一的起因归结为“无”。这个思路大致是对的，但他没有说清“道”、“一”、“无”三者的关系，也没有言明“二”的含义。

高亨在《老子正诂》中把“道”解释为一种宇宙母力：“道者，宇宙之母力也。”并具体分析为：

即在人类经验外，有一种自然力也。宇宙之原始，出于此力。宇宙之现象，出于此力。此力生育天地万物，而子母未尝相离。此力包裹天地万物，而表里本为一体。未有天地之先，既有此力存。既有天地之后，长有此力在。天地万物之体，即此力之体。天地万物之隙，亦此力之体。天地万物之性，亦此力所予。天地万物之变，即此力所动。无物无此力，无处无此力。其体一而不可分析。其理玄而不可实验。大包天地之外，细放毫芒之内。总之，此力乃宇宙之母体，老子名之曰道。①

今人李孺义用“有即是无”与“有生于无”之二重性解释“道”向万物的生成：自我同一的“且然无间”的“无”之独一性涵摄着绝对自显和相对他显的“二”的张力，而这个张力必定表现为“物的在场”——此所谓“二生三”；进而由物物相因、始卒若环延衍成“万物”——此所谓“三生万物”。这里，“物的在场”在道体论的意义上，不外是对“无”的“二”的张力的显像。而“无”如果不在物的“显像”的意义上昭揭其自反的否定性，那么它就是“死偏之无”，并因此失去“否定性”的意义。这里，他不是用“阴阳”而是用“无”的自显与他显的张力解释“二”，并用“无”自身的“他显”的冲动解释万物的“生”，颇富新义。②

关于“阴阳”的解释，国内大部分学者根据老子的“万物负阴而抱阳，冲气以为和”而将之分别释为“阴气”和“阳气”。古棣、周英的《老子通》中亦作此解。但生成论哲学的倡导者金吾伦先生认为，“气”是形而上之道向形而下的落实，把“阴阳”解释为气，似乎把“阴阳”变成了与“道”相对立的物质实体，失去了生成万物的转化力量，背离了原义。因此，最

① 高亨：《老子正诂》，中国书店影印本，1988 年版，第 2 页。

② 李孺义：《“无”的意义——朴心玄览中的道体论形而上学》，人民文学出版社，1999 年版，第 265—280 页。

好是将“阴阳”解释为两种相互对立的力量。[①] 这种解释正好可与李孺义先生的“张力说”相发挥，因为“阴阳”本身就是一种相互对立的、内在的张力。

国内学者李泽厚先生也认为，中国古代哲学有一个很大的特点，就是没有很清楚地区分开实体与功能，比如阴阳五行学说，每一个元素代表一个特定的功能，是宇宙万物的能动性表现。

董光璧先生在他的《当代新道家》一书中也批评了把“道”误认为“构成实体”的误解，并且认为，在东方生成论是主流，而在西方构成论是主流。而老子的“一生二，二生三，三生万物”的思想正是中国宇宙生成论思想的最早的明确陈述。[②]

这又牵涉到对“道”的理解。老子的道其实是一种“道虚”。因为“道盅而用之，又不盈。”（第4章）正因为道是“虚”的，没有转化为任何一种物质实体，所以才“玄之又玄，众妙之门”（第1章），具有生成万物的巨大潜力。那么，“道虚”是否是一种实在呢？其实，只要我们稍微扩展我们的实在概念，让我们的思维超越机械论的实在观，就会发现，“道虚”和“虚时间”、“隐变量”、“虚拟实在”一样，同样是一种实在。金吾伦先生名之为“道实在”。这正是金先生在他的《道实在的双重结构》一文中所发挥的当代“道体论”，这是对太极混沌图的新解说：道既是阴阳，又是有无。阴阳消长，有无相生，虚实相含，道气同根，大化流行。道即虚即实，变化万千，容纳百川，吞吐宇宙。“天地之大德曰生，生生之谓易。”（《易经》）好一幅生生不息的宇宙演化、生成图！[③]

老子的生成思想丰富而又深刻，是生成哲学的宝贵的思想来

---

① 金吾伦：《生成自然观》，载童天湘、林夏水主编：《新自然观》，中央党校出版社，1998年版，第479页。

② 董光璧：《当代新道家》，华夏出版社，1991年版，第90—91页。

③ 金吾伦：《道实在的双重结构》，载《道家文化研究》第7辑。

源；而生成哲学又为老子的思想赋予现代意义。

（二）玻姆的隐序理论

关于量子力学的不同解释及哲学意义的争论卷入了一大批富有才华的思想巨人，除爱因斯坦与玻尔的众所周知的争论之外，玻姆也以他独树一帜的隐序理论（“卷入—拓展”理论）而受到学术界越来越多的关注。

插图 23：大卫・玻姆（D. Bohm，1917—1994），著名科学家。他的隐序思想与拓展—卷入理论是不同于正统哥本哈根学派的对量子力学的另一种哲学诠释，与老子的“道生万物”及阴阳思想十分接近。对于当代生成本体论，玻姆的思想具有十分重要的意义。

玻姆早期对量子力学的理解受到玻尔互补思想的深刻影响。他的《量子理论》一书突出阐明了量子力学抽象数学的物理意义。玻姆当时就看到了量子力学的非局域性。他用自旋系统重新表述的 EPR 实验，不仅澄清了这场争论的实质，而且启示人们使用电子偶素衰变成光子联级辐射来设计实际实验。他以玻尔思想阐述量子概念的真正内容：

> 它打破了隐藏在我们许多通常语言和思想方法背后的一个基本假设，这就是：世界能被无限地分割为一个个不同部分，其中每个部分都是独立地存在着，但它们按照严格的因果律相互作用而形成整体。实际上，按照量子概念，世界是作为一个统一的不可分割的整体而存在的，其中即便是每个部分内在的性质（波或粒子）也在一定程度上依赖于它与周围环境的相互关系。但是只有从微观（或量子）尺度来看，世界各部分不可分割的统一性才产生有意义的结果，而从宏观（或经典）尺度来看，这些部分行为则在很高的近似程度上表现得好像是完全独立地存在着。①

不过玻姆很快对这种解释感到不满意。他发现：量子理论没有为独立的实在这样一个合适的观念（例如一个物理态跃迁到另一个物理态的真实运动）留下余地。玻姆的主要困惑不在于波函数只能作几率解释，从而理论是非决定论的；而是波函数只能用一次次实验或观察结果来讨论，而这样的实验与观察又必须被视为根本不能作进一步分析与解释的现象集合。这种理论不能超越现象的观点，把量子力学归结为“一组可用来作种种实验预示或技术上控制事物的公式”，这是玻姆所不能接受的。

玻姆重新反思了爱因斯坦与玻尔的争论，这使他确信：我们还没有达到量子力学的最底层。他一方面接受了爱因斯坦关于量

---

① 洪定国：《玻姆的自然哲学思想》，载吴国盛主编：《自然哲学》第一辑，中国社会科学出版社，1994 年版，第 115 页。

子力学对物理实在的描述不完备的观点，把探索对物理实在的更精细的描述定为研究目标；另一方面又采取了玻尔关于量子现象的整体性观念，强调微观粒子对于宏观环境的全域相关性，以协调跟量子力学正统理论的矛盾，从而顺利地发现关于量子力学的因果解释。因果解释的核心思想是量子实在涉及两类变量：一是粒子变量，它是有连续径迹的；二是波函数，它不仅有常规的几率幅含义而且确定作用于粒子上的量子势。当量子势远小于经典势时，量子粒子便退化为经典粒子。当时玻姆把粒子变量视为量子力学的隐变量，而把波函数视为量子力学的显参量。其实，粒子变量是直接显示于测量之中的，而波函数则隐含于量子测量之中。后来，玻姆放弃了“隐变量”一词，把他的解释称为量子势因果解释，并用它成功地说明了自旋测量中的波包编缩问题。这样，玻姆首次为人们提供了一个自洽的跟经典本体论相连贯的量子力学本体论思想。

从20世纪60年代后期开始，玻姆从量子势及量子整体性的本性出发，认为有必要从根本上重建我们的实在观。他领悟到实现这一目标必须对物理学惯用的、以事物可分性假设为基础的思想模式和语言表述给予根本的改造。他想要抛弃传统的连续时空中的粒子与场的观念，而以结构过程观念取而代之。他称基础层次上的结构过程为完整运动（holo-movement），而物理学所讨论的东西（包括时间、空间、粒子与场等）则是这种完整运动的亚稳与半自洽的种种表现。

从完整运动的概念到玻姆的隐序观念只需跨越很小的一步，这就是所谓的卷入—拓展观念。它来自量子力学的格林函数方法。这方法以准确的数学形式表达了前后时刻的波函数信息的卷入—拓展关系。描述隐序所需要的基本数学涉及矩阵代数。

有一个实验可形象化地说明卷入—拓展关系。在一个特制的广口瓶内，装有一个由其顶部的手柄操纵的可旋转的圆柱体。在玻璃瓶与圆柱体之间的狭窄空间内盛满甘油，再从瓶的上方滴入一滴墨水。当我们注视着手柄旋转操作时，会猛然发现黑色墨水已“卷入”到浅色的粘滞甘油之中，散开得几乎化为乌有了。接着手柄反转，好像变戏法一样，原先的墨水滴又重新出现了，它是从甘油中“拓展”出来的。这种不断的卷入—拓展过程，正好是说明玻姆隐序理论的绝妙模型。

在《整体性与隐序》这部著作中，玻姆雄辩地证明：科学本身要求一种新的、不分割的世界观。因为，“把世界分割为独立存在着的部分的现行研究方法在现代物理学中是很不奏效的。”“业已证明：在相对论和量子理论中隐含宇宙整体性观念，对于理解实在的普遍本性会提供一个序化程度极高的思维方法。”玻姆分析了语言在引起思维分裂中所起的作用，指出：现代语言的主语—动词—宾语结构意味着一切作用都是出自于分离的主体，或者作用于一分离的客体，后者被认为是本质不变、本性静止的。他提议发展一种赋予动词以基本地位的流动模式的新语言。他并不是要倡导一种用于实际交流的说话方式，而是建议借助于这种实验语言来洞察常规语言的分裂功能。

这样，意识与实在互不分裂的世界观便是可能的了。玻姆的结论是：我们的总世界观本身是一种思想，是一种总体运动。就从它流出的整体活动自身以及它们相对于整体存在都是和谐的而言，它必须是可变的。只有当世界观本身参与一个无止境的发展、演化和拓展过程时，这和谐才会是可能的。这样，有可能将宇宙与意识理解为一个单一的不破裂的运动整体。所谓“观察者与微观粒子之间不可避免的相互作用”的神秘色彩便消失了。我们连同我们的世界观与世界一起属于同一个宏伟的宇宙的卷入—拓展过程！

玻姆的隐序思想宏伟、深沉而独特，充满形而上学的思辨色彩。它不仅对爱因斯坦与玻尔长达半个世纪的争论做出了独特、别具一格的解释，而且可能为世界提供了新颖的本体论构架。卷入—拓展过程无疑可以理解为一种生成过程。隐序其实是一种“潜存在”，是“无”，包含转化为“现实存在”与“有”的无限可能性。卷入—拓展正是转化、生成的过程与方式。“大曰逝，逝曰远，远曰反。”这不正是一幅宇宙卷入—拓展、周而复始的生成画面吗？

心理学家申伯格在《隐序中的思想漩涡及其在冥思与对话中的释放》一文中写道：

> 按照玻姆的观点，宇宙存在一种称之为“隐序”的基础序。宇宙中充满着穿梭于其中的能量、光与电磁波。这些波彼此交叉与相互关联。由于这些波各带有信息，所以它们的交织会创造种种对比与联系，从而进一步产生新的信息。物质也是能量，是带码的波；它跟能量一样，能反射。物质—能量的一切形态通过它们参与整体之中而互相影响。隐序精确地表现于这种拓展与卷入信息的能量的运动之中。显序是我们所看到的形态，因此，这种流动拓展成显序，后者表达了曾经卷入其中的那部分隐序。……在这种新的规范中，精神是隐的，因为它是隐含在整体之中的序的那一种表达。精神不在大脑之中——它是卷入于物质的整体之中的。跟意志与注意一样，意识与语言是整体的运动，反映着该隐序的显的部分。序表达于这样的事实之中，即存在着精神以及精神组织着实在。序也被这样的物质的事实所表达，即物质的存在是能量的组织。这种种序的统一展示于我们称为精神与物质的关系的核心过程之中。精神与物质都是更高实在序的实在的投影。……人的意识与语言是相对自主的亚整体。但我们发现，它们在普遍的生成中

也创造一些僵化点，阻碍着进一步的变换。在人们的内在冲突中，在个体和群体层级上以及在人们的困难关系上，我们看到了这些障碍。由于意识中的这些僵化，人们之间的关系似乎不以玻姆的隐序思想所包含的方式拓展或卷入。它们像岩石一样，生命之流绕它们而过。按定义，这些僵化既是显序也是隐序的一部分。因此我们需要考察一下这些障碍是如何关联于被认为是隐序特征的实质运动的。①

（三）分形生长与“潜存在”

如前所述，分形生长是事物发展的基本形式。从理论上对分形生长的研究开始于1981年威腾和桑德尔提出的“受限扩散凝聚模型（Diffusion-Limited aggregation）”，简称为DLA模型。此模型原是针对大气中灰尘的凝聚过程提出的。其基本思想如下：

1. 设想在一个有限的空间中的特定位置上存在一棵“种子”；

2. 从区域边上某个地方随机地“释放”出一个粒子，让它在该区域中做无规则运动（无规则行走或做布朗运动）；

3. 只要时间足够长，粒子总会碰到种子，或者运动到区域的边缘，如果碰到“种子”即凝聚在它上面，如果碰到边缘则消失掉。但无论哪种情况都接着放出第二个做无规则运动的粒子。

重复上述过程，就会在种子周围凝结越来越多的粒子，使它的面积或体积不断加大，形成分支状集团。

曼德勃罗进一步研究了DLA模型，发现了分形生长的更深

① 申伯格：《隐序中的思想漩涡及其在冥思与对话中的释放》，参见洪定国：《玻姆的自然哲学思想》，载吴国盛主编：《自然哲学》第一辑，中国社会科学出版社，1994年版，第132页。

层的新图景。他指出：生长实际上包括两大集团区域，一个区域是分形已经生成的部分，它不再因生长而进一步改变；另一个区域则是分形生长的空隙区，这是生长过程尚在继续的活动区。如果我们将这两个区域像格式塔变换一样交换一下背景与图像，立即就会发现：原来那巨大的空隙区，竟然也是一种分形！显然，对于生长，它比已经生成的部分更重要、更有趣。它是孕育分形生长的生命源泉，一个充满生机、可能性，对未来开放的空间区域。

这里带给我们两点启示：

1. 世界由隐与显、虚与实两部分组成，它们相互生成、相互契合，缺一不可，正所谓有无相生、虚实相含。分形结构的实体部分与空隙部分是同时诞生、同时生长，又同时消亡的。这正是前面所揭示的“道实在的双重结构”。

曼氏揭示出空隙具有负的分数维，其实是一种潜在的存在。如果说，玻姆的隐序理论只涉及微观领域，那么曼氏的具有负分数维的空隙（空集）则跨越微观、宏观到宇观的一切尺度，其观察坐标已不是有而是无，不是“实物”而是“空隙”，不是运动而是生长。以往无意义的空隙原来是巨大的、富含信息的潜在存在，一切新生似乎源源从“空”中涌出，由隐而显，由潜在的存在转化为现实的存在，这正是活泼泼的“无中生有”的发展过程。因此，客观实在只有包括潜存在才是完整的。这是实在观的转变。

2. 生长与演化的空间。普里高金在耗散结构理论中提出了演化的时间，即内部时间问题，认为内部时间是系统生成演化的内在尺度。而曼氏的具有正负分数维的空间，则相应给出了与内部时间对应的生长与演化的空间。如今，空间本身是生成演化过程中不可分割的重要组成部分。

李曙华先生在《潜在存在与发展的新视野——曼氏空集之

科学价值与哲学启示》一文中，专门探讨了正负分维与生长演化空间的关系问题。他写道：

> 正负分维的完全吻合恰恰证明物质与空隙是同时产生的，有无相生、即有即无、非有非无，而它们又都由更大更深广的“无”所生成。无空隙、不可入的原子和完全独立的空虚空间是不存在的……一部分为“正分维空间”，代表“有”，它是已生长的“显在”或“在场”部分的存在形式；另一部分则为“负分维空间”，代表“无”，是尚未生长的“潜在”或“将出场”而“未出场”部分的存在形式。曼氏的分形理论正是揭示了系统生长的这种空间维性。特别是曼氏空集，揭示了相对实体为“无”的空隙才是生长的活跃区、信息源，“空隙”中不断生成新的“有”和“无”，解除着有关生长的不确定性，因而源源不断产生着信息。①

（四）还原论与关系实在论

如前所述，生成论是在反还原论的斗争中发展起来的，还原论的本体论基础是形而上学的实体实在论。在同实体实在论的斗争中，最先登场的是关系实在论。

传统的唯物主义主张实体实在论，认为构成世界本源的是某种或几种物质实体。从古希腊的水、土、火、气到近代形而上学的原子，甚至到当代物理学的基本粒子和夸克，无不在寻找一种独立自存和同一不变的存在物。它们可以容许我们进行孤立地观察、捕捉与度量。宇宙及其万物都是由这些早已存在的东西构成

① 李曙华：《潜在存在与发展的新视野》，载《哲学研究》1999年第10期，第48页。

的，宇宙就是这些东西的分离与结合。正如唐力权先生所说：

> 在一个实体事物的定义里是不包括（也不能包括）其他事物的。在一个实体的宇宙里，实体万物间只可能有外存关系而不可能有内在关系。①

这种实体实在论的方法论基础就是上面提到过的还原论。这个原则是建立在乔尔丹诺·布鲁诺的信条之上的：

> 因此，宇宙是单一的、无限的、不动的……它不移动自身的位移……它不产生自身……它是不可毁灭的……它是不可改变的。②

布鲁诺的这一信条，长期统治着西方世界的科学观，成为构成论哲学的核心。每个理论都成为这个哲学在行动中的组成部分。如海德格尔说：

> 近代物理学不是实验的物理学，因为它使用实验设备去研究自然。宁可倒过来说才是对的。因为物理学已经作为纯理论，要求自然用可以预言的力去表现自己；物理学建立的唯一目的正是为了问一问自然是否遵从以及怎样遵从科学事先想像的模式。③

卡普拉也指出：

---

① 唐力权：《蕴徼论：场有经验的本质》，载《场与有》，东方出版社，1994 年版，第 68 页。

② 普里高金：《从混沌到有序》，上海译文出版社，1987 年版，第 49 页。

③ 同上，第 68 页。

> 这是笛卡儿的自然观，它把宇宙视为机械系统，此系统由相互分割的客体构成，而这些客体又可以还原为基本的物质构件，构件的性质和相互作用彻底地决定着一切自然现象。笛卡儿的自然观还被引申用来解释生命机体，生命机体也被视为由相互分割的部件构成的一部机器。这种机械论的观念现在仍然是我们大多数学科的基础，并对我们生活的各方面继续发挥着巨大影响。它导致了学术界和政府部门的支离分割，自然环境与社会被分割为许多部分，兴趣不同的小组分别征服、开发其中之一。①

这种还原论的思维方式已经深深浸入了我们的日常生活，并且影响到我们生活的质量。阿瑟·柯斯特勒指出：

> 还原论的看法否定在盲目的力量的相互作用中有价值观、意义和目的的地位，因而这种看法将阴影投到了科学的界限之外，影响到我们整个文化的甚至政治的气候。②

因此，当20世纪的科学发现将另一股与之相反的思潮带入我们的视野时，传统思维方式的神坛受到的冲击与震撼也就可想而知了。不顾还原论者的一厢情愿，20世纪每一个重大的科学发现——作用量子的不可分性（无中间态），物质性质的波—粒二象性，物质性质在统计上揭示的潜在性以及非因果关联（即EPR悖论），等等，更不用说系统论与自组织理论——无不推动

① 弗·卡普拉：《转折点》，中国人民大学出版社，1989年版，第29—30页。
② 保罗·戴维斯：《上帝与新物理学》，湖南科学技术出版社，1992年版，第65页。

着整体论的全面复兴。还原论将物质分解为毫不相干的部分的梦幻彻底破灭了。实体实在论受到沉重打击，由关系实在论取而代之。

关系实在论认为世界由关系组成，关系是比实体更为本质的存在，它才是宇宙和世界万物的本原。其实，早在20世纪初，分析哲学的先驱罗素与新黑格尔主义者布拉德雷就围绕“实体与关系”问题发生了激烈的争论。罗素持“外在关系”说，认为世界万物可以通过层层分析，到最后剩下的是不可再分的原子与它们的关系项。这些关系本身是实在的、不可还原的，不可能从物质实体的属性中推导出来，因此这些关系对于这些原子来说是外在的。而布拉德雷则认为，实体之间的关系内在于实体的属性之中，可以由实体的属性推导出来，这就是所谓的“内在关系”说。由罗素的“外在关系”说必定得出关系与实体一样，都是独立存在的结论。而由布拉德雷的“内在关系”说则必定推出一个最高的实体（“绝对精神”），其他所有的实体与关系都是这个最高实体的属性。这类似斯宾诺莎的哲学：上帝是最高的实在，物质与精神都是上帝的属性。

罗素从逻辑原子论的立场出发，既肯定关系，也肯定关系者。布拉德雷则强调了关系内在于事物本身的性质之中。两者都没有否定实体的实在性。关系实在论以20世纪的科学发现为基石，强调关系对关系者的优先地位。关系实在论的主要倡导者罗嘉昌先生指出：

> 关系实在论，作为一种窄义的理论，通过以下五个论题来展开：1. 关系是实在的；2. 实在是关系的；3. 关系在一定意义上先于关系者；4. 关系者是关系谓词的名词化；5. 关系者和关系可随关系算子的限定而相互转换。显然，这是一种肯定关系的实在性，以关系

> 的实在来取代绝对的实体，又以阐明实在之关系依赖性来消解对“实在”的任何绝对化解释的思想进路。就其视“关系”即绝对相关性为一种哲学的原理，在存有论中居于特殊地位而言，与唐力权教授的“场有论”似有异曲同工之妙。①

这种强调“关系”的优先地位的哲学显然可以为序言中所述复杂性科学的“关联者模型”提供哲学基础。节点是“关系者”，网络权重是“关系”的度量，系统行为主要取决于节点之间的关联。普遍关联其实就是一种普遍联系，这与辩证法也有“异曲同工之妙”。因此，“关系实在论”意义重大，它在破除实体主义与还原论思维的道路上迈出了重要一步。但我认为，“关系实在论”作为一种本体论意义的哲学，自身尚存在无法克服的缺陷，表现如下：

1. 由于过分夸大“关系”的优先地位而忽略了“关系者”，使“关系”失去了依托。

2. “关系”作为“已经给定”的东西缺乏说明，似乎是无源之水、无本之木。其实，无论是关系还是关系者，都不是最终意义的东西，二者都需要某种更深层次的说明。从这个意义上讲，“关系实在论”仍然没有完全摆脱实体主义的影子。

二、当代生成本体论②

当代生成本体论的最基本概念是“生成”，它的本质特征是动态性与整体性。

显现（突现）过程就是“生”的过程。“生”的过程不是

---

① 罗嘉昌：《从物质实体到关系实在》，中国社会科学出版社，1996 年版，第 8 页。

② 关于当代生成本体论的基本思想，可参见金吾伦：《生成哲学导论》，吴国盛主编：《自然哲学》第一辑，中国社会科学出版社，1994 年版，第 73 页。

将现存的要素组合转变而成的，而是整合了有关的全部潜能才得以实现。

当代生成本体论强调：

1. 宇宙及宇宙间的一切都是一个生成过程；

2. 这个生成过程是整合的，即从潜存到显现过程中将相关因素都整合在其中，从而生成具有个体性的新事物；

3. 潜在性即是“道实在”，它是“有”与“无”的统一体，具有双重结构。

生成本体论是在新的历史条件下向古希腊生成本体论的回归，但这是以现代科学为依托的、在更高层次上的循环，是否定之否定过程。自柏拉图以来对“存在”几千年的“遮蔽”和“遗忘”的历史正在走向结束，真实的存在正从“遮蔽”走向“敞明”。生成论揭示了存在的真义不仅是“生成”，而且是“凝聚”过程，这是本体论上的一次革命。

有人在黑格尔“有即是无”的意义上理解老子的“有生于无”，然而，黑格尔意义上的“无”仅仅是“纯有”，仍然不能转化为“实有”（万物）。这里的问题在于将生成论意义上的“生”理解为存在论意义上的“是”。“是”从来就是一个逻辑学与语言学的概念，它具有逻辑上的“从属”与“涵包”的意义以及系词的传递关系。老子从来不是在“是”的意义上言说道体论的生成之理。其实，中国先秦哲学根本不讨论“是”的问题，更不会像西方古希腊哲学那样将“是”的系动词名词化——作“存在”、“存有”来理解，由此产生了以认识论为基础的存在论的形而上学。但是在生成本体论的意义上，“生”并不具有“是”的所谓归属与涵包的意义，而是“聚散”之谓，如庄子说“聚则生”（《知北游》）。因此，由“是”向“生”的转化含有本体论上的格式塔转换的意义。

生成论不仅明显优越于原子论与构成论，而且明显优越于关系实在论。如前所述，关系实在论把“关系”视为终极本原，结果把“关系”神秘化了，无法说明“关系”的来源，仍没有摆脱实体主义的影子。而生成论则充满流动性与灵活性，是宇宙生成的辩证法。在生成论看来，无论关系还是关系者，都是在生成过程中“突现”出来的，都不是终极本原。“生子”也不是实体，它是“宇宙的内在特性与能力”，且它本身也是在“道实在的双重结构”中孕育而成。生成论彻底告别了实体主义的本体论。

突现论与生成论密切相关。突现其实就是生成。生成的机制由突现论提供说明。区别在于：前者是具体科学，后者是哲学本体论。第一章所概括的突现论科学的范畴与规律都可以用来研究具体的生成机制。这里还有许多艰巨的工作要做。

“道实在”、“潜有”、“缘有”与“生子”。根据当代生成哲学的提倡者金吾伦先生的定义，“道实在”是具有双重结构的宇宙生成力量；“潜有”是“无”和“有”相统一的有；“生子”则是“宇宙的内在特性与能力”，也是一种生成力量。由此看来，这三者似乎是同一个东西。但在老子的生成体系中，“道”是最高范畴。在生成论哲学中，最高范畴是“潜有”与“生子”。“缘有”则是“潜有”（道）与“实有”（万物）之间的过渡环节，相当于内部图式与外部环境之间相互作用的突现过程。总之，它们都不是实体，而是力量与过程。

第四章　突现即生成

第一节　宇宙与时空的创生

一、宇宙诞生于无

宇宙起源于原始奇点的大爆炸已成为今日宇宙学的主流理论。相对论和大爆炸理论已经测定了宇宙的体积和年龄（与观测值大体相符），氦丰度与 3k 微波背景辐射实验证据的发现最终确立了大爆炸理论在天体物理学中的统治地位。

由于时空也是在大爆炸之后创生的，因此宇宙在大爆炸之后经历了一段无时间的“存在”。由于宇宙的年龄有限，热力学第二定律的佯谬也就立刻解开了：宇宙之所以还没有达到热力学平衡，是因为宇宙的无序化过程才进行了约 200 亿年。现在我们也明白了所有的星系为什么没有积聚起来，因为爆炸的力量把众星系炸散了，尽管现在它们离散的速度正在减小，但众星系重聚的时间还没有到来。

对于银河系的诞生机制，科学家有不同的理论。比较公认的看法是，银河系诞生于大约 50 亿年前的一次星云爆炸，然后是恒星的形成期，而太阳这颗恒星则大约诞生于 46 亿年前；下一步是在恒星内部合成元素，最早合成的元素为氢、氦、氮等。

对于目前太阳系的形成过程，历来也众说纷纭。康德—拉普拉斯的星云假说至今仍有巨大的影响力，该假说认为，太阳系的形成分以下四个步骤：（1）一团原始的气体尘埃云受到附近超新星爆发的影响和冲击，中心凝聚产生恒星——太阳；（2）尘埃云继续旋转收缩并抛出物质，原子尘埃在恒星附近集聚，产生类地行星（内行星）：水星、金星、地球、火星；（3）气体（氢、氦等）由于强大的太阳能加热而流向太阳系外部各区域，形成类木行星（外行星）：木星、土星、天王星、海王星、冥王星；（4）太阳系内部各区域仍留有许多岩石碎片（小行星），与类地行星猛烈碰撞，这就是曾经引起人类恐慌的所谓“小行星撞击地球”事件。1994 年，当全世界都通过卫星转播目睹了舒马克·列维 9 号彗星撞击木星的情景，并通过哈勃望远镜拍摄下照片后，美国政府立即启动了“太空警卫（spaceguard）”计划来应对这一可能的危机。即计算出即将可能撞击地球的小行星的飞行轨道，然后发射核武器将其摧毁，或迫使其偏离原来轨道，以拯救地球。

插图 24 表示一个正在形成的太阳系，该照片由红外线拍摄。照片中央的圆形影像周围有一个气体和尘埃组成的圆盘，它发出红外线辐射，非常类似于产生我们太阳系的圆盘。这圆盘可被看做直线形的薄片。它很年轻，大约只有几亿年的历史。

太阳系目前仍处于不断的演化之中。最近，美国太空总署宣布，美国科学家已经发现太阳系的第十颗行星，直径 2000 公里，距离地球 129 亿公里，是太阳系当中距地球最遥远的一个行星，美国航空航天局（NASA）暂时以爱斯基摩人的海洋女神塞德娜（Sedna）为它命名。

人类对于太阳系的探索永无止境，因为它们可能是人类离开地球后可以居住的家园。目前，最受青睐的是我们的近邻火星。早在 1877 年，一位名叫乔瓦尼·斯查帕莱利的天文学家声称，他通过望远镜看到了火星表面的沟渠，他认为是沟渠将水引入了火星上的城市，这就意味着在火星上有生命存在。另一位叫珀西瓦尔·洛厄尔的天文学家也同意斯查帕莱利的火星上有生命的说

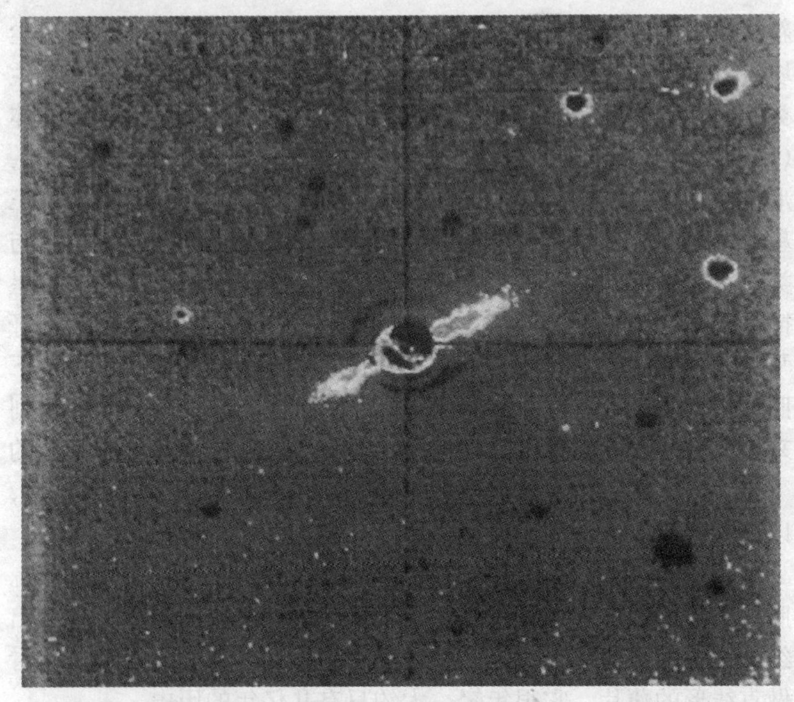

插图24：正在形成的太阳系，天文学家们认为看到了在绘架座（B）恒星周围正在形成的太阳系。（美国航空航天局拍摄）

法。事实上，这些沟渠是在几十亿年前因流水冲击而成的，很久很久以前这些沟渠就已经干涸了。然而，在火星上寻找生命的想法却并没有就此停止，许多科学家仍然在为此不懈地努力探索。

继1996年、1997年和2000年三次登陆火星之后，2004年的“机遇”号火星车终于传来令人振奋的好消息。美国宇航局2004年3月19日宣布，“机遇”号火星车通过分析镶嵌在火星岩层上的小石球的构成成分，进一步证实了火星上曾经有水存在。火星车机械臂上的穆斯鲍尔分光计和微型热传送分光计对这些小石球的成分进行了测定，结果显示它们的主要成分是赤铁矿。而赤铁矿通常是在有水的环境下形成的，这进一步支持了宇航局不久前得出的结论：火星上曾有一个“水世界”。科学家更进一步推测，“梅里迪亚尼平面”从前很可能是一个浅湖。如果火星上真的有水存在，意味着生命在其上存活的可能性，对于人类来说无疑是一个福音。

另一个引起人类探索兴趣的星球是木星。木星上最有趣、最难解的现象就是其表面的那个著名的、让许多科学家着迷的大红斑。观察和计算都表明，那其实是一个巨大的红色风暴。奇特的是，它还在不断移动位置，这个巨大的红色风暴沿着木星的表面至少已经运动了300年之久。这个大红斑的长度大约在25000英里（40225公里）以上，这在木星上看起来很小，可事实上这个木星上的红色风暴面积几乎和地球一样大，最大时甚至可以吞噬三个地球！它沿逆时针方向自转，约每6天转一周。该红斑大致位于木星南半球的某个地方，此处木星大气中的气体运动是相当有序的，这是与环绕木星的气体的无序紊乱运动相对而言的。风一阵阵地在红斑以北从东向西刮，在红斑以南则从西向东刮，这是造成与赤道平行的有色带的原因（见插图25）。

科学家们目前还不清楚为什么这个红色风暴持续了这么多年。它肯定和混沌有关，而且很可能是在木星多年的表面运动和演化中突现而形成。因此，对它的形成机制的研究可以为突现的理论模型提供新的事实根据。还有一点可以肯定的是：这个巨大的红色风暴的持续移动需要不断的能量供应，科学家推测可能是木星上更小的风暴为这个红色的巨型风暴提供了能量。

木星上还有一圈薄薄的光环。这些光环是由“旅行者1号”在1979年发现的，它的厚度看起来大约有半英里（1公里）左右。科学家们还不能确定这些光环是由什么元素组成的。据推测，这些光环也许是“木卫一”（即木星的第一颗卫星）上的火山灰被吸引到木星的上空形成的，也许是由某些天体如彗星的尘

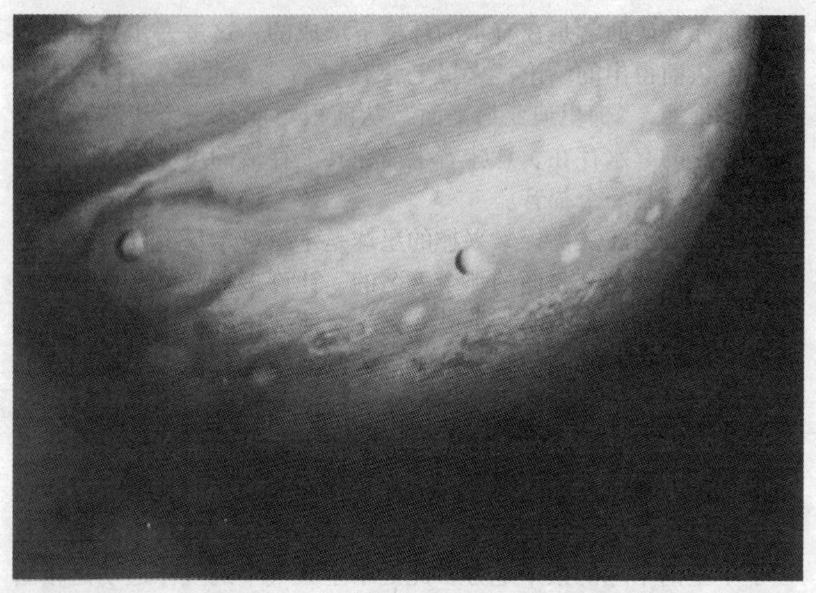

插图25：木星的大红斑。科学家认为，大红斑是一个由混沌产生和控制的自组织系统，混沌是大红斑周围紊乱的根源。（“旅行者”1号，1979年2月拍摄）

埃组成。这些围绕木星运转的光环距离木星大气层顶部大约为30000英里（48000公里）。

宇宙的创生与时间究竟是有限还是无限的问题紧密相连。

哲学家康德在人类历史上首次提出，关于时空有限还是无限的争论是一个“二律背反”的问题；人类理智一旦试图探究它，便会陷入无法解决的悖论。我们只选取其中关于时间的论述。

1. 世界在时间上有开端

证明：如果我们假定世界在时间上没有开端，那么在任一给定的时刻，一个永恒已经逝去，事物状态前后相继的一个无穷系列在世界上已经过去。但一个系列的无穷性正在于它不可能通过连续的综合来完成。因此，一个无穷的世界系列已经过去是不可能的，故而世界的开端是世界存在的必要条件。

2. 世界在时间上没有开端

证明：让我们假定它有一个开端。由于开端是这样的一个存在，在它以前有一个时间事物不存在，所以，必定有一个在前的时间，那时世界不存在，即，必定有一段空的时间。但在一个空的时间中发生事物是不可能的，因为这种时间的每一个部分，与其他部分相比，都不拥有存在而非不存在的特殊条件；而且，这不论对事物自己发生还是通过其他原因发生都成立，在世界中，有许多事物的系列的确能够发生，但世界自身不可能有一个开端，因此，世界在过去的时间方面是无限的。①

一眼便可看出，康德所应用的是那个时代流行的牛顿的时间观。牛顿与卢梭是康德心目中的两位英雄。前者为自然立法，后者为社会立法。康德那句著名的格言："世界上唯有两件事物令我深深战栗——头顶的星空与人心中的道德律令。"便是对此而言。20 世纪 20 年代，爱因斯坦相对论诞生，将时间与物质运动联系起来，时间自身失去了独立的意义；时间被空间化，成为四维时空坐标里的一个参量。和牛顿力学比较起来，相对论的时间观中过去、现在与未来的区分只具有相对的意义。爱因斯坦的好友、物理学家贝索去世后，爱因斯坦写给贝索遗孀的信中有这样的话：

---

① 吴国盛：《论宇宙的有限无限》，载《追思自然——从自然辩证法到自然哲学》，辽海出版社，1998 年版，第 270—272 页。

> 米歇尔已经在我之前离开了这个奇怪的世界。这并不重要。对我们这些信念坚定的物理学家来说，过去、现在与未来之间的差别只是一种幻觉，虽然是一种长久不变的幻觉。①

相对论为物体的运动设置了极限速度——光速。从理论上说，物体一旦以超光速运动，过去、现在与未来的时间系列便被打乱，“时间机器”的科学幻想由此产生。“天上一日，地上千年”，“今日适越而昔至”，是古老神秘的中国智慧对时间相对性的体验。由于遥远天体的光线到达地球需要一定的时间，当我们看宇宙时，我们是在看它的过去。假如太阳就在此刻停止发光，也不会立即对地球产生影响；我们只能在 8 分钟之后知道这一事件，这是太阳光线到达地球所花的时间。

根据相对论，至少康德对反题的论证不能成立。如果时间与物质运动密切相关，那么没有任何事件发生的“空虚的时间”的假设便不能成立；不可能有一个空无的时间“恭候”宇宙从虚无中诞生。那些追问“宇宙创生前世界究竟是什么”的人，恰好和康德犯了同样的错误——在现代宇宙学的外衣下偷运了牛顿的时间观。量子宇宙学进一步认为，时间可度量的最低界限为普朗克量 10^{-43} 秒。这说明，时间是量子化的，具有层次和结构；而且，根据物理学的一般原则，一个物理量若原则上不可度量便被认为没有意义，这说明时间是在普朗克量的尺度上“突现”的——这又出现了时间的“创生”问题。根据量子宇宙学，宇宙似乎经历了一段“没有时间”（时间尺度小于普朗克量）的过程；而根据相对论，脱离了时间的宇宙是无法追问的。这便形成了一个怪圈。更有甚者，惠勒的延迟实验表明，我们今天对所用

① 王文东等译：《爱因斯坦文集》，人民出版社，1965 年版，第 127 页。

仪器的选择，竟会影响到数十亿年前光子的行为！仿佛现在可以影响过去，因果关系被颠倒了。要想解决这些悖论也许有待于科学理论上的重大突破。

这里有个著名的“双生子佯谬”的问题：地球上有一对孪生兄弟，如果哥哥乘宇宙飞船以高速离开地球，而弟弟留在地球上，则根据相对论，哥哥返回地球后将比弟弟年轻；但根据运动的相对性原理，哥哥离开地球的运动相当于弟弟向相反方向的运动，则同样根据相对论，又是弟弟比哥哥年轻了。这构成了一个有趣的悖论。

对这个问题爱因斯坦生前已经作过答复。但他的回答太简单了，反而引起很多歧义。他只是说以近光速飞行的哥哥在离开地球和返回地球时分别经历了加速和减速过程，这样就不能认为哥哥经历的运动与留在地球上的弟弟的运动相互对称了，因为惯性系与非惯性系不能对称。原来在广义相对论里，加速度与引力场等效，且两者都对应于时空弯曲。经历加速运动的哥哥所受到的引力是“实实在在的”，是留在地球上的弟弟不可能经历的；这好比火车加速或减速时车上乘客所受到的椅背的压力，是车外人所不可能感受到的。因此，加速运动的哥哥所经历的时空弯曲效应也是“实实在在的”，是地球上的弟弟不可能经历的。答案便应该是太空旅行的哥哥比留在地球上的弟弟年轻。

但这个回答似乎留下了更多的疑惑：如果我们不考虑加速与减速阶段，只考虑飞船的匀速运动阶段，两者的运动不就完全对称了吗？（我们至少可以在思想中做这个实验。）难道此时伽利略的运动的相对性原理不再有效？由于没有加速和减速，我们也不必考虑广义相对论。这样，悖论又出现了：究竟谁比谁年轻？

这是个令初学者挠头的问题。答案也许令人惊讶：我们的确可以不必运用广义相对论，而在狭义相对论的框架里解决这个问题，但必须用到具体复杂的数学计算。为了去掉地球上的时空错觉，让我们把事件发生的背景转移到浩瀚的宇宙空间。（因为我们往往容易将地球上熟悉的和固定的背景当作“绝对静止”的时空舞台。）假设在宇宙空间中有两名宇航员A和B，以近光速匀速反向运动。由于运动的相对性，双方都可以认为自己是静止的，而对方以匀速离开自己。两个惯性系完全对称。考虑狭义相对论效应，此时谁的表走得更慢？在展开计算之前，我们必须牢记两点：（1）在相对论里，时间失去了绝对意义，变成了一个操作概念，要比较时间的快慢，必须有相应的操作程序，通俗地说，就是必须“对表”。用操作程序定义物理概念，正是相对论给科学思想带来的伟大的革命性转变之一，对于这点下文还会反复提到；（2）相对论给宇宙中所有的物体运动和信号传播加上了速度极限——光速，牛顿的“瞬时超距作用”从此化为泡影。明白了这两点后，再来仔细考察两者“对表”的过程与结果，我们将得出令人惊讶但十分有趣的结论。

如果A在11：00用网络电话向B报时，根据相对论效应，他预言B的表比自己的慢，B的指针应该在11：00之前；但信号的传播不能超过光速，B正在远离A，A发出的信号到达B需要花一定的时间，我们也许认为信号传播所花的时间会刚好抵消相对论效应，使得A的信号到达B时，B的时间也刚好是11：00。但精确的计算表明，信号传播带来的时间延迟要大于相对论效应，即当A的信号到达B时，B表的指针将在11：00之后！也就是说，在B看来，倒是A的时间变慢了。当然A知道B也懂相对论，B在根据自己的表的时间推算A发出信号的时间时会考虑信号传播所花的时间，但即使如此，他的计算仍然表明A的表比自己的慢！

反过来也一样，如果B在11：00向A报时，他原以为A的表比自己的慢，但在考虑信号传播因素后，他发现其实自己的表比A慢。A考虑信号传播因素后推算的结论也是B的表比自己的慢！

因此，惯性参照系仍然完全对称，只不过是以一种奇特的方式发生对称：双方都认为对方的表比自己的慢！也就是说，在互相认为对方的表比自己的慢这一点上，他们是“一致”的！伽利略的运动相对性原理仍然成立。这看起来像是悖论，但在狭义相对论的框架里，事实就是如此！

如果要打破砂锅问到底：在双方不用信号报时的情况下，究竟谁的表慢？前面已经预先强调过：在狭义相对论的框架里，这是一个伪问题。因为相对论不承认“绝对时间”，离开测量操作的物理量是没有意义的形而上学概念。不“对表”，双方时间便无所谓快慢。不存在所谓超越一切参照系的“上帝之眼”。

1984 年，霍金提出了一个自足的宇宙模型，假设了“虚时间”的概念。虚的时空是有限无界的，就像地球的表面，只不过多了两维。在实时间里，宇宙的开端和终结都是奇点，奇点处的物理定律失效。但虚时间里不存在奇点和边界。因此，很可能虚时间是更基本的概念，而实时间反倒是我们臆造的，它有助于我们描述宇宙。霍金认为，问“实时间与虚时间哪一个更为实在”是毫无意义的，这仅仅是哪一个描述更为有用的问题。这样，时间问题便被消解掉了。

然而，承认大爆炸理论对宇宙创生的解释是一回事，从中引出形而上学的结论又是一回事。

宇宙在时间上有一个开端似乎预示着宇宙是从“虚无”中诞生。当年牛顿借助于“第一推动”来描述宇宙的生成过程：

“第一推动” + 物理定律 = 宇宙的创生

宇宙是“万有”，宇宙之外没有东西，也就是“无”，这里不需要“第一推动”，并且现代物理学揭示出，“物理定律也有一个从无到有的过程”。这样，宇宙的生成公式应该是：

无 + 边界条件 = 宇宙的创生

那么，“边界条件”是什么呢？是否仍然需要造物主的设定？

基督徒之间对《圣经》所描述的创世的真实性也没有一致的看法。1951年，教皇庇护十二世在罗马就现代科学宇宙学的问题对主教科学院发表了讲话，拐弯抹角地提到了大爆炸理论，说：“一切似乎都在表明，宇宙在有限的时间里有一个宏伟的开端。”他的话引起了激烈的反应。当代的神学家们仍在争论不休，定不下宇宙创生之初的大爆炸是否就是圣经作者们所说受到启示而描述出来的上帝创造天地。美国圣母大学的厄南·麦克穆林最近写过一篇文章，题目是《宇宙学与神学应是何等关系?》其结论是，“首先，我们不能说基督教神创造天地的信条支持大爆炸模型；其次，我们不能说大爆炸模型支持神创造天地的信条。”在这个对基督教来说至关紧要的问题上，神学家自己也疑窦丛生，摇摆不定。

时间有开端的想法便假定了一个造物主的存在。在物理定律失效的地方似乎仍然需要上帝上紧发条。美国一家著名的期刊就曾以大字标题宣布：“天文学家们发现了上帝!”梵蒂冈教皇在一次关于宇宙学的讨论会上也曾告诫物理学家，大爆炸之后的世界可以研究，但不应该对大爆炸本身说三道四，那是创生的时刻，因而是上帝的事务。霍金也参加了那次讨论会，听了教皇的讲演后“心中暗喜”。他的宇宙模型是自足的，没有边界和边缘，也没有开端和终结，因而没有造物主的存身之地。爱因斯坦却雄心勃勃地说：“我想知道上帝是如何创造这个世界的，对这个或那个现象，这个或那个元素的谱我并不感兴趣。我感兴趣的是他的思想，其他的都只是细节。”这说明，如同当年牛顿无法摆脱“第一推动”一样，现代科学探索的锋芒也直指人类的“终极关怀”。

但是，宇宙的创生真的是表示着上帝造成了宇宙的“创生”

吗？能不能设想一种没有上帝的宇宙创生？

“创生”这个词有很多意思：(1) 表示突然之间物质从那混沌的、无结构的原始形态被组织（自组织）到现在我们所观测到的复杂的秩序和活动中；(2) 表示在先前无形的虚空中创造物质；(3) 表示整个的物质世界，包括时间和空间，从无中突然出现。我认为，宇宙是在第二和第三点的意义上创生出来，然后在第一点的含义上自组织到现在的复杂形态。这其实就是宇宙的突现和生成过程。因此，我们的宇宙仍然是一个没有上帝的宇宙，或“上帝缺席”的宇宙。

二、物质的创生——对称破缺

20 世纪之前，科学家和神学家都认为，物质是不能用自然的方法创造和毁灭的。物质的形态可以变化，但物质的总量是恒定的。传统唯物主义在面对物质起源这道难题时，倾向于认为宇宙是无限的，这就避开了物质的创生问题，但又明显与现代宇宙学发生冲突。这是传统唯物主义的自然哲学难以解开的悖论。

但是，随着科学的进展，关于物质粒子的创生过程现在也得到了科学的证明。

首先是爱因斯坦的质能关系式 $E=mc^2$，这是相对论的副产品，却具有人所共知的重大意义：它揭示了物质与能量之间的转换关系。1 克质量相当于以目前的价格要花 10 亿美元才能买到的能量。现代亚原子粒子加速器能把电子和质子的速度提高到十分接近光速，可以使电子和质子的速度增加几十倍。

当然，质能转换还不是物质的生成。到 1930 年，事情有了戏剧性的进展。狄拉克在用相对论量子力学描述电子运动时预言了“反物质”：物质与反物质总是成对出现的。比如，假如能够积聚起足够的能量，以前没有粒子的地方就会出现一个“反电子”（带正电荷的电子），同时也出现一个带负电荷的电子。这就是说，能量可以用“电子—反电子”的形式直接创造物质。后来，科学家们在实验室里陆续发现并制造出了反物质。

这样，人们似乎可以对物质的本源给出一个自然的解释了：大爆炸时巨大的能量使物质和反物质成对产生出来，然后，爆炸热冷却下来，这些物质就积聚成恒星和行星。但这个解释却有一个明显的漏洞：当物质和反物质相遇时，就会发生爆炸，使双方湮灭，同时放出闭锁在物质中的能量。那么，宇宙间的一切物质是怎么被创造出来，同时又没有掺上使其爆炸湮灭的反物质呢?

一种解释是，在宇宙的形成过程中，物质和反物质不知什么原因彼此分离开来、天各一方了。这些天体物理学家试图以这种假设来解释反物质的失踪之谜。一些星系是由物质组成的，另一些星系是由反物质组成的。然而，直到今天，并没有人提出令人信服的物质与反物质分离的机制。

这样，要坚持大爆炸理论对宇宙生成的解释，就必须假定：某一超自然的过程以违反一切物理学定律的方式，把没有反物质相伴随的物质注入宇宙。这个违反物理学定律的过程用这样的方式得到解释：“奇点处一切物理定律都失去了效用”。这似乎不是一个好的解释。

但很快出现了走出这一困境的曙光。科学家发现，尽管在实验室条件下，物质和反物质总是成对产生的，但在大爆炸的超高温条件下，很可能多出一点点物质。根据理论计算，在温度高达 10^{27}℃时（这一温度只能在宇宙创生的头 10^{-36} 秒才能达到），每产生 10 亿个反质子，同时就会产生 10 亿零 1 个质子，同理，电子也会比正电子多出 1/10 亿。

虽然只多出一小点，但其意义却十分重大。10 亿成对的质子和反质子彼此湮灭，留下了一个未配对的质子和一个孤立的电子。就是这些多余的粒子，变成了后来构成所有星系的物质——所有的恒星和行星，还有我们人类本身。根据这一理论，我们的宇宙是由微量剩余的非均衡物质构成的，这些物质是那难以想像的瞬间大爆炸的残留物。

对于这一点现在有了可验证的计算结果。第一个结果与大爆炸之初的10亿粒子与反粒子大规模相互湮灭有关。10亿粒子和反粒子相互湮灭之后，还会剩下一个多余的粒子，同时伴随湮灭所释放出的能量也必会留存下来，很可能就是以热的形式留存下来，这就是前面提到的微波背景辐射。并且把每一现存的原子的热能加起来，正好与1/10亿的计算相符合。这一理论不仅解释了物质的起源，而且也说明了宇宙的确切温度。

物质既然有微量的剩余产生，当然也会有自发性的微量毁灭。在极长的时间里，质子会衰变成正电子，而正电子会进而湮灭电子。这样，一切物质最后注定要归于消失。但其毁灭的时间长得惊人：一个人的身体在其一生中大约平均才会失掉一个质子。为了验证这一理论，科学家们正在地下深处（为消除宇宙线的干扰）研究观察极大量的物质，试图揪住一个正在消失的质子。一个质子的平均寿命至少是10^{30}年。其中，至少一个实验已经显示出一些可能的质子衰变事件。

在实验室里，粒子可以以极高的速度碰撞，于是，以前只有两个粒子的地方，会出现四个粒子。新粒子的出现，是以那两个原先的粒子的速度降低为代价的。把那无形的运动转化成有形的物质，就类似于从“无”中创造“有”。

还可以从能量为零的状态中创造物质。因为能量既可以为正，也可以为负。运动的能量和质量的能量总是正的，但引力的能量，如某些电磁场和引力场的能量是负的。有时，创造新生物质粒子质量的正能量正好被引力或电磁力的负能量抵消了。例如，一个原子核附近的电场很强，假如能够造出一个含有200个质子的原子，整个系统就会变得不稳定。这时，即使没有任何能量输入，也会生出电子—正电子对，因为新生粒子发出的电能正好可以抵消其质量中含有的能量。

还有，根据相对论，引力场不过是空间弯曲。闭锁在空间弯曲中的能量也可产生物质—反物质对。这种情况现在在黑洞附近就有，而且很可能是大爆炸时粒子的最重要来源。这样，物质似乎就自发地从空空如也的空间里出现了。科学家们发现，并不是原初大爆炸具有能量，而是宇宙本身处于能量为零的状态。有些宇宙学家提出，有一个深藏不露的宇宙原理在起作用，根据这一原理，宇宙的能量就得恰好为零。假如真是这样，宇宙就可以走那阻力最小的路，用不着输入任何物质和能量就可以诞生了。

这样看来，大自然其实是虚实相含的，真空是一种被负能态填满的状态。亚里士多德早就说过："自然厌恶真空"。当一个处于负能态的电子得到足够能量跃迁到正能态时，负能态的海洋中就留下一个空穴——它成为一个真实的电子——正电子。现代场论的研究进一步表明，真空实际上是处于基态的量子场，各种粒子都是真空的激发态，所谓粒子和真空，不过是同一量子场的不同状态，它们都由更深层的"无"——量子场所生成。量子场不同类型的相互作用还会导致不同类型的真空态，而各真空态之间的相互作用又会导致各种虚粒子的产生、湮灭和转化。这种"无"与"有"、"虚"与"实"的相互转换与刹那生灭，正是对"色不异空，空不异色，色即是空，空即是色"的最好注脚吧！

我们可以这样从科学上解释宇宙的创生过程：宇宙的生成过程是一个突现过程。宇宙大爆炸早期的对称破缺（反物质略多于正物质）是偶然涨落，也是一个突现事件。这是"蝴蝶效应"的结果。宇宙的演化即由此开端，其中每一步都充满了突现过程。

第二节　微观世界里的突现——量子理论

一、波或者粒子

波粒二象性揭示了量子世界的内在模糊性。下面是著名的托马斯·杨双缝实验：

来自一个很小的光源的光子（或电子）束向着刻有两个窄孔的屏运动，在第二个屏上产生双孔的像，它由不同于原孔的明、暗干涉图样组成，就像穿过一个孔的波遇到从另一孔来的波一样。波同步到达的地方，则加强；反向到达的地方，则减弱。这样，光子或电子的波动性便明显地得到证实。

但是射束线也可以看成是由微粒组成。假设光强逐步减弱，以至于在某一时刻仅一个光子或电子向此装置运动，每个粒子到达像屏上的一个点，并留下各自的斑痕。乍看起来，此效应似乎是随机的，但随着斑点的增多，一个斑点图案遂而形成。当大量粒子穿过此系统时，就会产生有规律的图案，这就是干涉图。

现在，如果两孔之一被挡住，那么电子和光子的平均行为就戏剧性地改变了：干涉图消失了。这个干涉图是不可能从两个只有单孔存在所记录的图像的叠加中得到的。仅当两孔同时开着时，才有干涉。因此，每个光子或电子必定以某种方式，独个地“知道”开着双孔或是单孔。但是，如果它们是不可分割的粒子，它们怎能做到这一点呢？每个粒子仅能从一个孔穿过，它却能“知道”另一个孔的开启情况，究竟是怎么“知道”的？

这可以换一种方式叙述，即量子粒子在空间不具有确定的路线。它通过无限多条路径，其中每一条都对它的行为起作用，这些路径或路线穿过屏上的两个孔，并就每一条编一个信息码，这就是粒子能够在扩展的空间区域内维持径迹的行为方式。粒子行为的模糊性，使它能“觉察出”许多不同的路线。

我们可以做这样一个实验：在两孔的前方各放一个探测器，以便探测某个具体的电子向哪一个孔运动。在不让电子“知道”并不改变运动路径的情况下，不能突然把另一个孔关闭吗？但如果我们考虑到不确定性原理，就会发现，要使各个电子的位置测量精确到足以识别它所接近的孔的程度，电子的运动将受到如此之大的扰动，以至于干涉图消失了。正是考察电子将向何处去的作用确保双孔合作失败。只要我们决定不去跟踪电子的路线，它对两种路线的“知识”就会显示出来。这里，大自然也显示出一种“理性的狡计”。

我们前面曾经介绍了玻姆的隐序和卷入—展出理论，无论是波或者粒子，都是在某种更深层次的背景上“突现”出来。我们无从知道粒子的路径，因为突现过程无法追踪。这也出现在量子跃迁的情况下：电子从低能态跃迁到高能态，或者相反，我们无法知道电子经历了怎样的跃迁过程，它们似乎是“突然出现”（突现）在低能态或高能态的。

二、“薛定谔的猫”的解释问题

这实际上是一个关于量子力学的测量佯谬，即所谓微观粒子与测量仪器之间的不可避免的相互作用。量子力学的奠基人之一薛定谔以戏剧性的手法，借助于一个现在驰名的猫思想实验，说明了这个问题。

假设有一只猫被关在钢盒内，盒中有下述极残忍的装置（必须保证此装置不受猫的干扰）：在盖革计数器中有一小块辐射物质，它非常小，或许在1小时内只有一个原子衰变。在相同的几率下或许没有一个原子衰变。如果发生衰变，计数管便放电并通过继电器释放一锤，击碎一个小的氢氰酸瓶。如果人们使这整个系统自在一个小时，那么人们会说，如果在此期间没有原子衰变，这猫就是活的。第一次原子衰变必定会毒杀了猫。

我们心里十分清楚，那只猫是非死即活的，两者必居其一。但按照量子力学规则，盒内整个系统处于两种态的叠加之中，一种态中有活猫，另一种态中有死猫。但是，一个又活又死的猫是什么意思呢？据推测，猫自己知道它是活还是死。然而，按照冯·诺伊曼的回归推理，我们不得不作出结论：不幸的动物继续处于一种悬而未决的状态之中，直到某人窥视盒内看个究竟为止。此时，它要么变得生气勃勃，要么即刻死亡。

如果把猫换成一个人，那么佯谬变得更尖锐了，因为这样一

插图 26：薛定谔（E. Schrodinger，1887—1961），著名的量子力学理论家。他设计的驰名世界的现在被称为“薛定谔的猫”的思想实验集中表达了量子力学带给人类的哲学困惑。

来，被监禁在盒内的有意识的人会自始至终意识到他是否健康。如果实验员打开盒子，发现他仍是活的，那时实验员可以问被试者：在此观察之前他感觉如何？显然，这位被试者会回答，在所有时间过程中，他绝对活着。可这跟量子力学是矛盾的，因为量子力学坚持在盒内东西被观察之前，被试者只能处在活与死的叠加状态之中。

“薛定谔的猫”是遵循量子力学的测量逻辑而达到的最终结论，它的通俗表达是：“月亮在没有人看它的时候是否存在?”大部分科学家（包括爱因斯坦）的信念是：科学是一项不带个人色彩的客观事业，承认有一个不依赖于人的客观世界存在是科学活动的基本前提。而量子力学却把观察者作为物理实在的一个要素。这将使我们周围世界退化为阴影似的幻想，而科学也将变为追逐幻想的游戏。

对“薛定谔的猫”有如下几种解释。

1. 哥本哈根解释

在玻尔、海森伯和其他人的哥本哈根解释中，测量过程被解释为所谓的“波包坍缩”，即把叠加态分裂成测量仪器的两个状态，并测得量子系统有两个确定的本征值。这里，测量是关键因素，是测量使得原来处于叠加状态的量子系统突现为一个明确的单一态。似乎在某一关节点上，量子力学以某种方式转化为“经典物理学”。玻尔认为，这种变化要求量子扰动的“一个放大的不可逆作用”，这一作用导致一个宏观可探测的结果。世界的非线性也常常解释为人的意识突现。

2. 精神与物质的关系——向下的因果性

另一个解释涉及精神与物质的关系问题。这里，人——测量仪器——量子系统构成一个因果链条。似乎实验人员觉察结果的活动反馈给测量仪器，测量仪器又反馈给量子系统，从而也改变了量子系统的状态。于是，精神影响了物质。这是突现理论中所讲的“向下的因果性”。

但这里的麻烦是，容易引起无穷的因果链条。冯·诺伊曼曾设计了一个测量装置链：每一个装置都观察着该系列的“前一个”成员，但没有一个测量装置带来波函数的“坍缩”。仅当最后出现人这种有意识的个体时，此链条才会终结。就是说，只有测量结果进入人的意识之中，量子“边缘态”的混合体才会坍缩成具体的实在。欧基尼·威格纳更强烈地坚持这种主张。在他看来，复杂的量子线性叠加仅仅在宇宙中出现了人的意识这样的角落，才将被分解成独立的部分。宏观世界的状态是由人这样的意识引起并保持稳固的。

3. 多世界解释

埃沃雷特持一种多世界解释的理论。这种解释拆除了量子宇宙学的概念障碍。问题的本质仍然是理解一个处于多态叠加之中的量子系统，作为一次测量结果，是怎样骤然跳到一个具有确定的观察量的具体态的？即猫的死、活叠加态是如何转变到非死即活态的？

按照埃沃雷特的观点，跃迁的出现是因为宇宙分裂成了两个拷贝，一个包含着活猫，另一个包含着死猫。两个宇宙还包含有实验人员的拷贝，其中每个人都认为自己是唯一的。推广开来，如果一个量子系统为 n 个量子态叠加，则由于测量，该宇宙将分裂为 n 个拷贝。因此我们必须承认，在任何时刻都存在着跟我们见到的这个世界并存的无限多个“平行世界”，而且有无限多个差不多与我们一样的个体居住在这个世界中。

这种解释的更有说服力的形态是：大多数宇宙起始时是完全同一的，测量发生时，才出现差别。因此，在“薛定谔的猫”实验中，两个原来相同的宇宙变异了，致使在一个宇宙中猫是活的，而在另一个宇宙中猫是死的。好比耗散系统在分岔点的演化，系统进入哪一个状态完全是随机的。这里再一次出现对称破缺。

多宇宙解释理论是吸引人的，但却缺乏有力的证据。它和“人择原理”有密切联系：我们生活的宇宙正好是人能够在其中出现的宇宙。这是一种巧合。多宇宙解释与“突现论”也不矛盾，一个宇宙裂变为多个宇宙的过程显然只能用“突现”来解释。这里的测量行为仍然是关键，它起着涨落、触发的作用。

看来，“薛定谔的猫”的解释无论采取哪一种方案，都与“突现”结下了不解之缘。量子力学（特别是玻姆的量子势理论）其实可以看做是关于突现的理论。我们可以将突现理论与玻尔的互补原理作一对比：微观物体的波动性与粒子性构成其行为的互补方面；我们绝不会遇到这两种行为在其中相互冲突的实验。量子力学的所有表观特征都可以看做是通过“卷入—展出”过程从更深层次的背景上“突现”（生成）出来的。

三、爱因斯坦与玻尔：未完结的争论

大约在 1964 年，另一位量子力学家贝尔考察了对两分离粒子同时进行测量的诸结果之间可能存在的各种关联。为研究方便，他用偏振光子代替了原始的 EPR 实验中的实体粒子系统。假设角动量为 0 的母粒子衰变为两个光子 A 和 B，根据守恒定律，两个光子必须具有相同的偏振态。这可以用垂直于粒子路径的测量装置进行测量。如果偏振片平行放置，则每当 A 通过偏振片，B 也总是通过，即发现了 100% 的关联；反之，如果偏振片相互垂直放置，则每当 A 通过，B 即被阻挡，即发现了 100% 的反关联。这符合常识，在通常的经典力学中也是正确的。

但当偏振片以一定角度倾斜放置时，决定性的检验就到来了。我们期待会发现介于完全关联与完全反关联之间的结果，这依赖于我们不断改变偏振片之间的角度。

贝尔的目标是在“定域实在性”假设的前提下，力图找到

这类测量结果的能够关联程度在理论上有何限制。所谓“定域实在性”假设，是以下两个双重假设的合称：（1）量子行为仅仅是底层的混沌经典作用力的产物和表现；（2）按照相对论规则，超光速信号是禁止的。第一个假设通常就是指“实在性假设”，因为它断言量子物体也和经典物体一样确实具有所有动力学属性；第二个假设通常被称为“定域性假设”，有时也被称为“可分隔性假设”。因为当物体在空间分离得足够远时，它禁止它们之间传递瞬时的相互作用。

就在此双重假设的前提之下，贝尔证明了一个强有力的数学定理（贝尔不等式），对实验中二粒子的可能关联程度加上了严格限制。而按照量子力学的预言，两粒子的合作程度将超过贝尔不等式所规定的极限。于是一般认为，贝尔定理开辟了对量子力学基础进行直接检验的通途。但这一设想在时隔将近 20 年后，才由阿斯派克特、达利巴德与罗哲等人在 1982 年 12 月的《物理评论快报》上报道的一次实验中付诸实施。

阿斯派克特实验的基本布局是用两束激光聚焦到在真空中运行的原子束上（他们选定的是钙原子），使钙原子先激发，然后再释放能量落回到正常未激发态，从而发出一对光子作为光源。在光源两边约 6 米远处各有一个声光开关，之后光的路径决定它将遇到何种取向的偏振片，每对光子的命运及其相互关联的级别则由电子符合监视器进行监测。该实验设计的最巧妙之处在于：在光子飞行途中，可以任意更改光子的继后路径，即可随时改变光子所遇到的偏振片。这相当于光源每一边的偏振片如此迅速的转向，以致信号即使以光速也没有足够的时间从一边传递到另一边。

阿斯派克特等人报告的实验结果是：贝尔不等式被违背了；光子的关联度大于贝尔不等式施加的限制，从而验证了量子力学对光子关联度的预言。这意味着，定域性假设与实在性假设中至少应该有一个被抛弃。这被广泛认为是对爱因斯坦与玻尔之争的决定性的判决实验。1986年，英国BBC科学频道节目采访了几位有关当事人，出乎意料且极具讽刺意味的是，几位当事人竟对该实验做出了五花八门、观点极其混乱的解释。

阿斯派克特在采访中一边承认"实验结果不那么精确"，另一方面声称"不能保留有爱因斯坦可分隔性概念的世界图像"，但他对此结论做出了一个重要的保留：

> 然而，它们所推翻的只是以爱因斯坦的可分隔性之类的思想为基础的隐变量理论。有些隐变量理论仍有可能保留的，例如D. 玻姆的隐变量理论。但要注意，这些理论是不可分隔的。它们是非定域的。我的意思是，在这些理论中（如玻姆的），存在某种超光速的相互作用，所以，这些理论不可能被我们的实验结果排除在外，我们不应该为此感到奇怪。①

也就是说，即使推翻了定域的实在论，某种形式的非定域的实在论仍有可能保留。

采访中贝尔的态度更奇怪，他一方面声称实验结果是"早就预料到的"，因为量子力学是科学的一个"极有成就的分支"，"不可能设想它是错的"，但他又声称"当代物理学由于分解而升华了，它并没有说出什么清楚的东西"；他也毫不掩饰他对阿斯派克特实验的不满，他认为实验采用的"计数器缺乏效率"，"理想装置尚未实现"，以及"需要从实际能做的实验做巨大的外推才能得到结果"，等等，但他又认为继续改进实验精度也毫无意义，因为实验本身"无助于解决这个问题，而是使它更为

① 戴维斯、布朗编，易心洁译：《原子中的幽灵》，湖南科学技术出版社，1992年版，第36—50页。

困难”。当被问及“阿斯派克特实验是否是检验这些思想所能做的最终实验时”，贝尔斩钉截铁地回答：

> 我认为不是，它是一个非常重要的实验，或许它标示出人们应停下来并思考一下的点，但我肯定希望它不是终点。我认为对于量子力学意义的探究必须继续下去，事实上，不管我们是否同意，这种探究都会继续下去，因为许多人已经被它深深迷住，不得安宁了。[①]

玻姆在接受采访时仍然不失时机地“兜售”他的隐序理论，这是不同于以玻尔为首的哥本哈根学派对量子力学正统解释的另一种理论，与爱因斯坦的隐变量理论类似，是某些方面比爱因斯坦更“实在”的实在论。他的“拓展　卷入”说在西方思想的背景下有些稀奇古怪，但拿到东方哲学的背景下几乎就是轻车熟路、稀松平常的事情。隐序“拓展”开来其实就是“道生阴阳”，现象再“卷入”进去就是阴阳又回复为道。比如，他对微观客体波粒二象性的解释是：隐序拓展开来就是波与粒子两个看起来相互矛盾的现象，但它们都不是最终的本体，它们都只是现象，最终的本体是背后的那个隐序；就像阴阳回复为道一样，波与粒子最终也通过“卷入”而统一于那个巨大的、无所不在的隐序结构。世界便是这种“拓展—卷入”的不断生成过程。

哈佛大学物理学教授、美国艺术与科学院院士大卫·雷泽尔先生也在《创世论》中谈到这场争论，他认为玻尔的测量哲学为工具主义观点提供了一个理论基础，但奇怪的是许多接受工具主义观点的物理学家又并不赞成玻尔的哲学。雷泽尔承认，“我

---

① 戴维斯、布朗编，易心洁译：《原子中的幽灵》，湖南科学技术出版社，1992 年版，第 36—50 页。

甚至始终没能使自己确信我真正弄懂了这种哲学”，因为他始终不能得到对于玻尔哲学的中心观点——“互补原理”的“清晰、系统地阐明”。他的结论仍然是困惑。

> 量子力学确实取得了巨大的进步。但是让人难以理解的是，我们讨论着的问题迄今仍未解决。的确，爱因斯坦关于每次测量的结果在原则上是可以预言的猜想已被否定了。我想，每个人现在都会同意，在爱因斯坦所设想的意义上，量子力学并不是不完备的。但这使得我们讨论的难题更加困惑了，所有解决办法似乎都不让我完全信服。出于和爱因斯坦所指出的同样的原因，我感到主张测量导致系统物理状态不可预言的变化的正统观点不能令人满意。我尚未准备去信奉传心术，就此而言，心灵之中没有什么东西作为实在的灵魂的部分作用于物理实在。我也不能接受工具主义观点，这种观点否认我们的物理实在具有任何意义。①

看来，认为阿斯派克特实验终结了半个多世纪前由爱因斯坦与玻尔发起的那场争论仍然为时过早。

四、量子力学中的科学与哲学

爱因斯坦与玻尔的争论开始于1927年10月的索尔维物理学会议。当时爱因斯坦集中火力攻击量子力学的不确定性原理。但当他精心设计的思想实验，包括著名的“光子箱实验”，都被玻尔一一驳倒之后，爱因斯坦最终放弃了要找出“违背”不确定

① 雷泽尔著，刘明译，金吾伦校：《创世论》，河北教育出版社，1992年版，第152—153页。

性原理的事例的任何努力；他承认了量子力学理论的逻辑自洽性，但转而攻击玻尔关于物理理论本质的哥本哈根哲学。于是，争论从科学领域转移到哲学领域。转变的标志便是爱因斯坦、波多尔斯基和罗森1935年5月联名在该年《物理评论》杂志第47期上发表的一篇论文中提出的所谓“EPR实验”。

EPR实验的内容已经家喻户晓，在此毋庸赘述。值得注意的是几位作者得出的结论。这些作者相信，为了避免与不确定性原理发生矛盾，我们必须在下面的两个假定中二者择一：（1）人们必须假定，无论A和B在空间分离得多么远，对其中一个系统的测量仍然会不可避免的对整体系统A+B产生无法消除的干扰；（2）人们必须抛弃这样的假定，即量子力学的态函数ψ对一个系统的描述是完备的。

这几位作者相信：我们必须保留这样一个“明智的”假定，即当A和B在空间上分离得足够远时，我们可以独立地对一个系统进行测量，而不会对另一个系统或整体系统产生可以观察到的干扰。因此，他们只能得出结论，用函数ψ作出的量子力学描述是不完备的。这种不完备性是指，量子力学只容许要么对p（动量）、要么对q（位置）有精确的了解，而不容许对两者同时有精确的了解。而上述思想实验表明，p和q两者都有精确的物理意义。

这正活生生体现了爱因斯坦关于物理理论本性及其与物理实在关系的哲学观点。爱因斯坦坚持，一个“完备”的物理理论必须包含物理实在的一切元素，而目前的量子力学由于不能同时给出p和q的精确知识，所以它是不完备的。换言之，爱因斯坦不满意目前的量子力学，因为它从根本上否定确定性知识。

玻尔的回答是：一旦在系统B上测量B的位置q，那么由于普朗克量h的有限大小和不可控制，系统和仪器之间不可忽略的相互作用就将干扰对B的动量p的任何精确的测定，以至B的动量p和位置q仍然不可能同时知道，它们只能服从由不确定性

插图 27：玻尔（N. Bohr，1885—1962），量子力学的创始人与主要哲学代言人。对东方整体哲学思想的迷恋使得以他为首的“哥本哈根学派”提出了“互补原理”，这是对量子力学哲学意义的正统解释。他与同样是量子力学创始人之一的另一位科学大师爱因斯坦关于量子力学哲学意义的世纪之争，是 20 世纪科学与哲学史上最重大的历史性事件之一。至今发人深省，给人以深刻的启迪。

关系给出的精确度。因此，在现行量子力学体系中的 ψ 描述应该被认为是完备的，因为它包含了人们有权索要的所有信息。

至此，争论虽仍以物理学的面目出现，但主战场实际上已经转移到哲学领域。也就是说，爱因斯坦与玻尔的分歧归根结底是哲学信念的分歧。玻尔是实证论者，而爱因斯坦却是实在论者。前者不允许将实在本性延伸到人类观察与测量的范围之外；后者的哲学在一句广泛引用的名言中得到充分表达："上帝不掷骰子"。这是身为量子力学先驱的爱因斯坦激烈反对量子力学的哥本哈根解释的最深层的原因。

但玻尔本人似乎走得更远。按照他的意见，量子力学现行体系不仅是一个"完备"的理论，而且也是"唯一"的理论，即某些问题不仅是量子力学所"不允许的"，而且也是我们的知识本性所"不允许的"。玻尔相信，量子力学的现行体系不仅规定了我们知识的限度，也最终规定了人类理性探索和理解的限度。玻尔的这种态度太极端，不仅爱因斯坦无法接受，就连属于量子力学支持者阵营的薛定谔对此也颇有微词。

对这场历史上空前绝后的大争论的认识和理解，目前还存在着许多亟待澄清的混乱。李政道与杨振宁的恩师、被称为"后铀元素之父"的物理学泰斗吴大猷先生对此有一段精彩的回忆，兹录如下：

> 关于爱因斯坦和哥本哈根学派之间的这种争论，在许多文献中还存在着诸多混乱。似乎很少有讨论明确地集中在爱因斯坦观点与量子力学之间的真正不同点上。一个突出的例子是在希尔普编的《阿尔伯特·爱因斯坦：哲学家—科学家》（1949）一书中，除了爱因斯坦的自述之外，还有许多其他文章。在玻尔的文章中，重复的论证都建立在量子力学自洽性基础之上。这种论证如果

在早期（例如在1927年10月的科莫会议上），那会是恰当的。但到了后期，在爱因斯坦、波多尔斯基、罗森的1935年著作（爱因斯坦在其中已经清楚地表达了他关于物理理论本质的哲学）以后，玻尔和别人的许多论文似乎就是语不中的的了。因为这些论文只是有助于说明体系的逻辑上的一致性，而没有面对爱因斯坦针对现行体系基础本身的质疑。爱因斯坦与玻尔态度之间分野的要害在于他们关于物理理论本性的质疑。我记得在50年代中期读到一篇罗森菲尔德对BBC谈话的稿子，其中的语言带有不必要的讥讽。这激起我写了一篇论量子力学物理基础和哲学基础的文章。1956年3月，我撰文就福克、薛定谔、朗德和其他人论量子力学和论爱因斯坦哲学的工作进行了讨论。①

既然争论的主战场转移到哲学领域，孰对孰错就不能作出简单的判断。一旦涉及科学理论与实在关系的哲学信念，这里根本就没有对错之分。正像吴大猷先生所指出的，单独以现行体系的内在一致性为基础来反对爱因斯坦的态度，就好像以欧氏几何的内在一致性为基础去反对非欧几何一样。谁也不能保证将来人类不可能发明比现行量子力学体系更“完备”的理论，就像谁也不能保证将来不会出现比“大爆炸理论”更好的科学模型说明现在的宇宙一样。真正的科学态度要求一种开放的精神，它从来不承认所谓“唯一”和“绝对”，而只是教会人类在大自然面前保持必要的谦虚。

有趣的是，正如在讨论“双生子佯谬”时提到的，将物理

① 吴大猷著，金吾伦等译：《物理学的历史和哲学》，中国大百科全书出版社，1997年版，第130页。

实在与测量和操作相联系，本来应该是相对论的题中应有之义；但在量子力学的问题上，爱因斯坦从这个立场有所倒退。同样，当玻尔宣称量子力学的现行体系不仅是“完备”的，而且是“唯一”的时候，他也违背了自己所一直坚持的实证论哲学，而滑入了独断论的泥坑。据说爱因斯坦在一封信中称玻尔为“一生中给我最大启示的教父和朋友”，而玻尔临终前在黑板上画的两张草图中，其中一个就是爱因斯坦的那个著名的“光子箱”。在给玻尔的另一封信中，爱因斯坦恳切而无可奈何地写道：

> 我实在非常了解你为什么要把我看做是一个不悔改的老罪人。但是我相信你并没有了解我是怎样走过我这条孤独的道路的；即使没有丝毫的可能性会使你赞同我的看法，也肯定会让你觉得有趣。我要把你的实证论的哲学看法撕得粉碎，以此来自娱。但是看来，在我们活着的时候，这是不可能实现的。①

无论如何，两个巨人之间的争论已经在历史上树起了一座无与伦比的思想丰碑，永远留给后人赞叹与评说！如今这场争论以另一种形式在霍金与彭罗斯身上延续着：在一场关于“时空本性”的著名讲演中，霍金自称“实证论者”，而彭罗斯则自称是“柏拉图式的实在论者”。

第三节　身心理论

身心问题有漫长的历史，它实际上是哲学史上令哲学家们困

① 王文东等译：《爱因斯坦文集》，人民出版社，1965 年版，第 221 页。

插图 28：霍金（S. Hawking，1942—）与彭罗斯（R. Penrose，1931—），他们关于时空本性及其哲学意义的争论，被认为是 20 世纪玻尔与爱因斯坦争论的延续。

惑不已的精神与物质的关系问题。

16—17 世纪是科学革命的时代，由这种革命所产生的自然科学就把世界当成了机械，换句话说，把世界作为“可以测量和计算的东西加以把握”。这促使人们寻找“心脑问题上的牛顿”。

跟伽利略同时代的笛卡儿也是一位机械论者。笛卡儿把世界划分为两种完全不同类型的现实：有广延但没有思维的物质，有思维但没有广延的精神。这使他断言精神与物质之间的相互作用是不可能的。笛卡儿曾幻想精神与身体之间的相互作用由大脑某处的松果腺承担，但他最终还是承认他解决不了这个问题。马勒布朗士、格林克斯、贝克莱和里德都诉诸上帝来解决这个问题——前三个人否认有任何实际的相互作用发生，而里德只是简单地说上帝不喜欢相互作用。笛卡儿是一位二元论者，近代出现的唯物论与唯心论两个哲学流派都由他出发。

一、心脑同一说

这种学说的核心在于把动物及人类的心理活动等同于其大脑的运动，又可分为语言等同论、实体等同论与功能等同论。

语言等同论。该理论最初由费格尔提出，后来为蒯因所发展。它认为，心即是脑，其理论依据是心理语词和表示大脑神经状态或物理状态的语词具有相同的指称，甚至具有相同的意义；“心理的”一词指称的就是人们的大脑神经事件，就是人们大脑中的物理事件。

实体等同论。由普莱斯和斯马特提出，他们认为人类的心理活动实际上就是人脑中枢神经系统的物理运动，包括意识经验在内的心理活动也是在物理空间即我们的大脑中进行。视觉、听觉、触觉等感觉，或者所谓痛苦之类的“意识状态”，不外是大脑复杂的物理化学过程所产生的。二者是一种对应的类型同一关系，就像光与放电的同一一样，前者具有后者所具有的一切性质特征。

功能等同论。该理论认为，心与大脑是同一的，但不是实体意义上的类型同一关系，而是一种功能意义上的同一关系。也不是一一对应关系，而是一多对应或多多对应关系。它把精神状态与大脑的关系比喻为电脑的计算状态与其硬件的关系，相同的计算状态可以由不同的硬件完成。

心脑同一说也是反对二元论的，但它的基本倾向是还原论的，它把意识状态跟脑的物理化学状态同等看待，以试图完成人的机械论模式。但这里的问题是：究竟什么是同一性呢？按照“莱布尼兹法则”，有如下定义：

> *x*和*y*是同一的，当且仅当*x*具有*y*所具有的一切性质，并且*y*也具有*x*所具有的一切性质。

按照这个定义，我们可以说，感觉所具有的性质就是脑过程所具有的性质，反之亦然。于是，便有如下公式：

疼痛＝C纤维的刺激

这种等同当然是方便快捷的，它免去了探讨物质与精神之间如何具体作用之类的麻烦。但在实际生活中，这种等同是很难理解的。心与脑毕竟具有不同的性质，人们的心理活动具有主观色彩和感情色彩，而人们的神经过程及其大脑中的物理运动却没有。我们无法将“甜味”与大脑皮层区的电子或原子运动相等同，也不知道将身体里的哪些原子运动与“牙痛”的感觉相等同。更大的困难在于，物质是占有空间的，而我们无法说牙痛之类的感觉位于何处，也无法说意识位于空间的哪一个位置。被称为“分析哲学的天才”的维特根斯坦也曾经为此困惑不已，最后不得不走向唯我论。功能主义的等同论虽然否认心、脑之间存在简单的一一对应关系，强调二者复杂的对应关系，但并不否认还原论和物理主义纲领的成立。该理论的倡导者普特南甚至和另一个哲学家奥本海姆（P. Oppenheim）提出了物理主义的科学还原纲领，即所谓奥本海姆—普特南纲领。按照该纲领，心理学可以还原为生理学，生理学又可以进一步还原为化学与物理学。其实，恩格斯早就揭示了这种等同论的错误，他预言说：“即使我们有一天完全弄清了大脑里的所有原子和分子的运动，也无法揭示意识的本质。”这段话可以看做是对物质与意识问题上的还原主义观点的有力批驳。

二、整体论

赖尔则独辟蹊径，把谈论物质与精神之间的相互作用批评为“范畴错误”。他把笛卡儿的二元论嘲笑为“机械中的幽灵”。他认为物质与精神是属于不同层次的范畴，就像英国下院与英国宪法是属于不同层次的范畴一样。前者是一个具体的个体的集合，而后者是一个抽象的思想集合。谈论物质与精神之间的交流就像谈论英国下院与英国宪法之间的交流一样是荒唐可笑的，因为二者分属于不同的概念层次。举例说，“岩石是存在的”，“星期三是存在的”，但我们不能将二者并列并谈论它们的相互作用。这两种不同层次的描述是互补的，二者并不矛盾。

这样看来，我们既有大脑的电化学物质的机械的物理的世界，也有高层次的精神的情感的世界。霍夫施塔特曾这样说明二者的互补关系：

> 比如说，你现在正犹豫不决，不知道该要一份奶酪三明治还是要一份菠萝三明治。这是不是说你的神经元也在犹豫不决，不知道要什么好？当然不是。你打不定主意要什么样的三明治，这是一种高层面的状态，而这种状态完全是以成千上万的神经元按非常有条理的方式有效地工作为先决条件的。①

麦克埃在讨论描述层面的问题时，也提到了避免层面混淆的重要性：同一个情况或许有两个或两个以上的解释，而且每一个解释在自己的逻辑层面上都是完整的。以“由闪亮的灯光组成

① D. R. 霍夫施塔特：《哥德尔、埃舍尔、巴赫》（D. R. Hofstadter, Godel, Escher, Bach, Basic Books），1979 年，第 577 页。

的广告”为例。组成广告的图像文字可以由电路定律说明，但还有一个与之互补的描述，即商业信息。假如给以正确的区分，二者（两种描述）就不会矛盾，反而互补。就是说，每一种描述都揭示了值得重视的一面，而这一面是在另一种描述中没有提到的。

精神也与此类似。

> 戴拉·德夏尔丹之流的作家宣扬说，假如人是有意识的，那么在原子中就必定有一些意识的踪迹。这种说法是相当缺乏理性基础的。……意识与物质粒子不同，对物质粒子的行为，我们可以争论出个不承认也不行的结果。但对意识，我们就不能指望有这样的争论结果。①

用更为现代的用语来说，精神是“整体性的”。这里，我们又碰到了整体论与还原论的交锋。

赖尔对二元论和“心脑同一论”的批判很机智，也能抓住要害。他的整体论的层次论也颇富新意，但有两点需要说明：

1. 赖尔认为物质与精神分属两个抽象程度不同的概念层次，这是对的。但他否认二者的相互作用，似乎失之偏颇。我们在生活中不止一次地看到物质与精神之间的相互作用。就拿赖尔所举的英国政府与英国宪法的关系来说，政府与宪法固然不能直接交流，但宪法是政府制定的，且宪法的好坏直接影响政府的业绩。在这个意义上，物质与精神是存在相互作用的。这里有一种前面提到过的“向下的因果性”，即不仅身体作用于心灵，心灵也反

---

① D. M. 麦凯：《发条形象》（D. M. Mackay, The Clockwork Image, Intervarsity Press）第九章，1974 年。

过来作用于身体。

2. 精神与物质，心灵与身体确实分属两个抽象程度不同的概念层次，且遵循不同的规律。但它们的关系不仅是互补的（这里的“互补”使人想起玻尔的波粒二象性），而且是可以进化的。从物质到精神的这种进化是“突现”过程。因为从物质到精神，或从身体到心灵，我们找不到一个连续的过程或者进化的关节点。这种飞跃或渐进过程的中断，除了用“突现”理论之外别无解释。

目前，在此问题上已出现了较好的突现论解释。该理论的代表人物就是著名的脑科学专家、诺贝尔奖获得者罗伯特·斯佩里教授。他认为，人类的心理活动、意识活动与其大脑神经的运动是不可划等号的，意识是大脑神经事件突现的性质（至于其具体的突现机制还有待发现），是脑的整体构型的性质，意识不同于且“多于”神经事件，意识对生理事件具有因果控制作用。神经事件由很多事件组成，其中包括神经冲动的传递、生理和其下的化学事件，以及各种亚原子规律和高能物理现象等，但这些只是神经事件的原材料，它们本身并不是意识现象。意识是在脑的最高层次突现的，是脑派生的，不能离开脑而存在。

在心与大脑的关系问题上，斯佩里提出了“脑—意识相互作用论”，反对把二者混为一谈。他说：

> 较高层次的精神模式和程序一旦从神经事件中产生出来之后，即有了自身的主观特性和进展，并以其自身的、不能还原成神经生理学的因果律和原则运行着和相互作用着，与生理过程相比，意识事件更具有整体性，精神实体超越生理，正像生理超越分子，分子超越原子

以及次原子等一样。①

第四节 创造性思维中的突现

一、科学史上的两个著名事例

在人类的创造性思维中，新观念和新思想的突现无疑是其中的重要成分。阿基米德发现浮力定律和库恩发现范式概念是创造性思维突现的极好的例子。

阿基米德发现浮力定律的例子是众所周知的。据说他是在浴盆里受到启发：将王冠放入水中，测量王冠排除的水的重量，就能测量王冠的含金量。科学史上的一个著名定律就这样诞生了。

库恩发现范式概念也是一个极富戏剧性的过程。

1947 年，库恩为准备一组关于 17 世纪力学起源问题的讲演，而研究了亚里士多德的力学。他原希望能了解一下亚里士多德传统力学，到底为伽利略、牛顿等人留下多少有待发现的东西，便仔细阅读了亚里士多德的《物理学》及其他有关著作。他在研究中吃惊地发现，伽利略等人似乎是在空白地上建立起自己的力学的。亚里士多德力学并没有为伽利略提供任何东西，似乎亚里士多德学派的力学观点全是错误的。这着实让库恩迷惑不解：像亚里士多德这样的大学者，怎么在力学问题上显得如此无知而又谬误百出呢?

在一个炎热的下午，上述困惑突然消失了，刹那间他似乎突然开始读懂亚里士多德的《物理学》了，这就是变换一种阅读原著的方式，它不同于阅读牛顿著作的方式。在这以后，寻找一种最好的或最易于理解的阅读原著的方式，就成为库恩历史研究

① 程伟礼：《灰箱：意识的结构与功能》，人民出版社，1987 年版，第 33 页。

中的主要问题。他用同样的方法阅读波以耳和牛顿、拉瓦锡和道尔顿以及其他科学革命家的书，这些革命家也曾误读过牛顿的著作。库恩总结说：

> 因此，读亚里士多德的书使我看到一种人们对待自然及描述自然方式的全面变革，不宜把这种发生说成只是知识的增加或者只是错误的逐步改正。赫伯特·巴特菲尔德把这种变革直接说成是“另一种思路”，这个问题立即涉及格式塔心理学及其有关著作。发现了历史，也发现了我的第一次科学革命，以及寻求最好的阅读方式也往往成了寻求另一次这一类的革命。要辨别理解这些事件，只有对过时的著作恢复过时的阅读。①

这里所谓的“对过时的著作恢复过时的阅读”，就是“范式”概念的最初表述方式。

二、自由联想与灵感突现

上面所述的两个科学史上导致重大发现的创造性思维的事例，都经历了从长期困惑到豁然开朗的过程，就是说，都是“从混沌中突现出秩序”。

阿瑟·凯斯特勒（Arthur Koestler）在他的著作《创造行为》中，把这种从混沌中突现出秩序的思维过程理论化，称为“异缘联想”（bisociation），即把两个不同的参照系相关联。他认为，“异缘联想”是创造性过程的核心。当阿基米德为无法判断王冠中的含金量而灰心时，他在浴盆中将两个完全不同的参照系——测量问题和浴盆相耦合，从而发现问题的巧妙解法。这就是

① The Essential Tension, Selected Studies in Scientific Tradition and Change, p. 8.

"异缘联想"。①

对于库恩来说,"异缘联想"在于他将对古文本的理解问题与"阅读方式"相耦合,从而找到了解决问题的通道。

凯斯特勒描述了创造性思维过程的相空间图。他认为最初的出发点是点吸引子,为了找到解决问题的目标而遵循的旧的思维习惯是极限环,这时思维循规蹈矩,在极限环上兜圈子。长时间受挫之后,极限环破裂,产生远离平衡的思维流。在这一思维沸腾的临界点处,达到一个分岔,在这里,一小点的信息或不经意的观察(对阿基米德来说,是浴缸水位的上涨;对库恩来说,是阅读方式的转化)被放大,使思维岔向一个新的参考平面,即事实上包含解的平面。于是,突现发生了。

后来,日内瓦大学的心理学家霍华德·格鲁伯(Howard Gruber)将凯斯特勒的相空间图推广到包含多个参照平面的情况,这样,创造过程就不是简单的两个参照平面相耦合,而是多个平面相耦合。按格鲁伯的说法,参照平面中许许多多的小变迁彼此耦合,最终产生观点的大变迁。

在创造性思维中,还有一个概念也异常重要,即"纽安斯"(nuance)。"纽安斯"的英文本义是"细微差别,感觉情结,抑或是知觉微妙性,思维因之不可言传或条分缕析"。"纽安斯"出现时,创造者正经历"剧烈的非线性反应过程"。由此看出,"纽安斯"其实是对初始条件的极端敏感性。不同的创造者对不同类型的"纽安斯"敏感。霍尔顿曾经把爱因斯坦的科学成就与他孩童时代体验到的丰富"纽安斯"相联系。爱因斯坦记得他5岁时,父亲给他看一个罗盘,是使指南针漂浮其中的电磁场的神秘力量深深吸引了他。对这件事的记忆给爱因斯坦留下了深

① 关于创造性思维中的"异缘联想"与"纽安斯",可参见J. 布里格斯与F. D. 皮特合著,刘华杰、潘涛译,朱照宣校:《湍鉴》,北京:商务印书馆,1998年版,第361页。

刻的印象。霍尔顿认为，正是电磁场中的磁针把青年爱因斯坦的思维，与他早年的探索终极真理的渴望以及对宇宙的不可见的统一力的感知联系到了一起。这对相对论的产生起了促进作用，而且使晚年的爱因斯坦孜孜不倦地致力于对宇宙统一场问题的探索。

不言而喻，在创造性思维中，直觉、灵感等非逻辑思维起了十分重要的作用，它往往导致科学的重大突破。我们知道，在研究问题的过程中，往往会陷入混沌迷蒙的境地，由于混沌的长期不可预测性，我们将无法通过逻辑思维一步步地走出混沌。这时就不应该拘泥于传统理论，而应该大胆猜测、冒险和创新，进行直接的、下意识的推理，然后再把中间过程联系起来，通过逻辑思维，证明这种猜测正确与否。所以，逻辑思维是重要的，而灵感、直觉等非逻辑思维在科学发现中有时却起着关键的甚至决定性的作用。

当然，对于创造性思维来说，要想出现思维的飞跃（突现），光有“纽安斯”（对初始条件的敏感性）是不够的，还必须有外部条件的触发（即涨落）。创造者们能够抓住这种感知并放大它，形成不同平面之间的反馈环，从而使新的思维突现出来。这在艺术创造中表现得更加明显。

第五节　转换生成语法理论

乔姆斯基以转换生成语法理论而在语言学界独树一帜。他站在理性主义的立场上对经验主义的批判也颇具特色。

乔姆斯基的语言学观点分为三个时期：一是语言的逻辑结构时期，以1957年出版的《句法结构》为代表，该书把语法看成一个能生成无限句子的有限规则系统，是一种形式化的系统，它

插图 29：乔姆斯基（N. Chomsky，1928—），转换生成语法理论的创立者。他在语言研究领域恢复了理性主义的传统，对语言生成机制的揭示有力地推动了当代生成本体论思想的兴起。

没有涉及句子的意义问题。二是标准理论时期，以 1965 年出版的《句法理论的若干问题》为代表，其目的在于把语义、语音与句法并列，包括在语法之中。按照这个时期的理论，预防基础是改写规则与辞典，通过深层结构而得到语义解释。深层结构转换为表层结构，从而作出语音的解释。这样就加强了语义的解释。第三时期包括 1970 年以后的理论，被称为扩充式标准理论时期。乔姆斯基在这一时期提出了“踪迹理论”等专门的语言理论，其目的在于解决深层与表层结构等与语义有关的问题，大意是说由深层结构转化为表层结构，再由表层结构转换出逻辑式与语音表达。

乔姆斯基语言哲学的基础是唯理论。从他的转换生成语法来看，语法就是深层结构，言语就是表层结构；并把唯理论者的

“普遍语法”看成语言的深层结构。在乔姆斯基近10年来的著作中，他的观点又有些变化。在这些著作中，把语法看成是存在于世界上的、人脑稳定状态的一部分，而语言则是由语法决定的，或是通过别的方式产生的。

这里附带说明一下语言同哲学本体论的关系。20世纪西方哲学曾经发生过一场引人注目的“语言学转向”。我在第三章讨论罗素的摹状词理论时曾说过，分析哲学家有根深蒂固的“语言情结”，这话并不为过。维特根斯坦说：“语言的界限就是我的世界的界限”。海德格尔也说：“语言是存在之家”，“语词破碎处，万物不复存”，这在中国人看来似乎很难理解，但在西方人看来却是顺理成章的事情。这是因为，西方人的文化背景是以逻辑思维为其根本特征，寻求逻辑思维的纯粹本性是他们孜孜以求的目标。思维形式首先表现和记载在人的语言里，语言是逻辑本性的住所。柏拉图曾主张，思想和言语（说话）是同一个东西，思想不过是内心自己同自己的不见诸于外的说话。柏拉图的这一说法是在讨论本体论问题时提出的，这说明在本体论问题上，可以在思想见诸于外的形式中探讨思想的逻辑本性。事实上，本体论就是研究这种逻辑本性的纯粹形式的学问。在亚里士多德的《范畴篇》中讨论本体论问题时就是以语言为对象，在柏拉图的《智者篇》、《巴门尼德篇》中也是以语言为研究对象。黑格尔说：

> 语言渗透了成为人的内在的东西，渗透了成为一般观念的东西，即渗透了人使其成为自己的一切；而人用以造成语言和在语言中所表现的东西，……总包含着一个范畴；逻辑的东西对人是那么自然，或者不如说它就是人的特有本性自身。①

① 黑格尔著，杨一之译：《逻辑学》上卷，商务印书馆，1982年版，第7页。

本节主要关注乔姆斯基的语言理论与突现理论的关系，可以说，转换生成语法理论为突现理论提供了又一个范例。

一、早期句法理论

乔姆斯基的句法理论把传统语法和语言的形式系统结合起来。他在句法结构中提出了三种句法模型。

第一种是有限状态模型。

乔姆斯基这样描述有限状态模型：

> 一台机器，里面包含着一系列有限数的状态，而机器可以表现出这些状态中的任何一个状态，这就产生了一个信号（比如说一个英语的词），这个状态之一是开始态，另一个是结尾态。①

从开始态到结尾态，经过一些成分（状态、词）的组合，就是句子。这种句子由自左至右所选择的系列的词所生成，最左边的一个词被选定之后，就决定了下一个词，如 the man comes 和 the men come 就是这样组合的句子，因为第一个词不同，第二个词也就相应有了变化。乔姆斯基认为：

> 要想给英语编写一部有限状态语法，一开始就会碰到许多严重的困难和复杂的问题，这个复杂的问题在于语言的构造太复杂了，这样地构造句子没有达到简单的目的。②

第二种句法模型是词组结构规则。

结构规则是形成句子的一套规则，这个规则先有一套词组结

① 乔姆斯基：《句法结构》，中国社会科学出版社，1979 年版，第 13 页。

② 同上，第 15 页。

构用以改写规则。以英语为例，就有这样一套规则：

1. 句子——名词词组 + 动词词组
2. 名词词组——冠词 + 名词
3. 动词词组——动词 + 名词词组
4. 冠词——The
5. 名词——man，ball 等
6. 动词——hit 等

（这里，“——”表示“可以改写为”）①

根据这些规则就可以推导出句子。下面就根据上面的规则推导出句子：

句子	
名词词组 + 动词词组	根据规则 1
冠词 + 名词 + 动词词组	根据规则 2
冠词 + 名词 + 动词 + 名词词组	根据规则 3
the + 名词 + 动词 + 名词词组	根据规则 4
the + man + 动词 + 名词词组	根据规则 5
the + man + hit + 名词词组	根据规则 6
the + man + hit + the + 名词	根据规则 4
the + man + hit + the + ball	根据规则 5②

这个句子“The man hit the ball（那个人击中球）”就是按照规则推导出来的。词组结构规则已经从结构上分析了句子如何形成，因而成为分析句子结构的一种基本方法，但它还没有处理句子之间的转换问题，于是有了下面第三种句法结构模型。

第三种模型是转换模型。

转换模型指各种句子形式之间的相互转换，如从主动句转换

---

① 乔姆斯基：《句法结构》，中国社会科学出版社，1979 年版，第 20 页。

② 同上，第 21 页。

成为别种形式的表层结构的句子。这种转换先要增加几条规则来说明助动词在陈述句中的出现情况。

1. 动词——助动词 + 动词

2. 动词——hit，take，walk，read，等等

3. 助动词——动词词尾（情态动词）（have + en）、（be + ing）、（be + en）

4. 情态动词——will，can，may，shall，must

把这 4 条增加的规则与前面 6 条规则结合起来，就可以用于转换了。从主动句转换为否定句，如果上述“增加规则 3”所给的词组包含两个以上的语素，就在第二语素后加进 not 或 n't。主动句转换为被动句则是应用原来的符号列，“名词词组—助动词—动词—名词词组，然后，两个名词词组互相交换，在结尾名词词组前加上 by，在助动词后加上 be + en”。

乔姆斯基的这种转换模型就说明了各种句子的转换，如上述的主动句变为否定句、主动句变为被动句，它比第二种词组结构规则更为公式化，而且可以处理意义相同而形式不同的句子之间的转换问题。

乔姆斯基提出这三种句法结构的目的，在于寻找一个使句法分析达到简明的公式化说明的途径，他说：

> 语法最好独立于语义学而成为自成系统的研究，成为一个公式系统。……我们在进行这一独立的形式化的研究中，发现从左到右产生句子的有限状态的马尔科夫过程这一简单的语言模式是不能接受的，而要描写自然语言，就要有像词组结构与转换结构这样相当抽象的语言平面。①

① 乔姆斯基：《句法结构》，中国社会科学出版社，1979 年版，第 108 页。

因而，他是以词组结构与转换结构相结合而构成他的语言理论。

二、对转换生成语法所作的一些理论说明

深层结构与表层结构。乔姆斯基的语言学也是结构主义的，乔姆斯基语言理论最有特色的地方就在于他提出的语言的深层结构与表层结构概念。深层结构也可以说就是语言或语言能力的结构，表层结构也可以说是言语或语言运用的表现形式。根据这种理论，一般认为表层结构是可以感知的，而深层结构则不能直接感知，它是凭借间接材料假定其存在的，这也就是句法结构或句法模式。

乔姆斯基提出深层结构，大约有两个主要的原因，或者说两个主要的用处。一是主动句与被动句意义相近，可以假定它们有共同的深层结构，如主动句 John admires sincerity，与被动句 sincerity is admired by John，这两个句子有相同的意思，即相同的深层结构。另一个原因是语义的歧义，如 flying-planes can be dangerous，这个句子可以理解为“飞机可能是危险的”，也可以理解为“驾驶飞机可能是危险的”。根据乔姆斯基的理论，只要找出这些句子的深层结构，主动句与被动句的关系就可以得到正确的了解，而且可以按照规则作相互转换。同样，一个句子的歧义也因为找到了它们的不同的深层结构而得到正确的解释。

生成理论与现代经验论。乔姆斯基认为与他的语言的创造性、生成性观点相对立的是现代经验论的语言理论，而这种现代经验论的语言理论又可以从近代经验论思潮中找到依据。他说：

> 经验论的特点是设想只有知识的习得程序和机制才是心智的固有属性。因此，在休谟看来，用试验来进行推理的方法是动物和人类的一种基本本能，这种本能就

> 像十分精确地给鸟类传授孵化技术、雏巢的构造和秩序一样，是一种从大自然的独创的手中继承下来的本能。①

他认为各种不同的经验论可以把这类观点作为关于人脑的本质的经验性假说，并以各种不同的理论加以阐述。经验论这方面观点的核心思想是："在结构方面，语言都是不受先天智力支配的。"② 也就是说，他们忽略了语言的先天的生成性的原则。他认为正常使用语言，包括说出和理解新句子，这些新句子之所以与过去听到过的句子类似，只是因为它们是通过同一套语言规则所产生的，因此，只有那些陈词滥调和套语才能说是从熟习学来的，一般的句子均由创造而生成。

普遍语法是先天的。乔姆斯基在较近的著作中认为，普遍语法是指人的生物禀赋的属性，是由遗传作用所决定的属性和人类的典型特征。他又把普遍语法的这种必然性分为生物的必然性与逻辑的必然性。逻辑的必然性是语言的逻辑联系，而生物的必然性则是人的生物本性对语言的决定性作用。他认为，人只要接触了适量的经验，就会产生一套符合要求的语法，这就是出于人的生物本性。

乔姆斯基的这种对身体器官的研究，有着这样的进行程序，即：(1) 功能；(2) 结构；(3) 物质基础；(4) 器官在个体内的发展；(5) 进化的发展过程。结构是从内部通过直观或反省去决定这些结构原则。这些规则和原则是无意识的、先天的，对其复杂性和抽象性难以做出确切的规定。进化的发展过程是语言器官的发生学过程。

---

① 乔姆斯基：《句法结构》，中国社会科学出版社，1979年版，第108页。

② 乔姆斯基：《句法理论的若干问题》，麻省理工学院，1980年版，第51、108页。

由此可见，乔姆斯基将这种普遍语法的新解释寄希望于神经生理学的研究，它是一种科学的设想，而且他认为这种生理根源的研究与语法规则的研究并无不同，规则系统基本上仍然和过去的研究一样，只是这些规则不必再作为语法的一部分被提出来了，只要参数一调定，就可以从普遍语法中被推演出来。这些规则与参数的相互配合就产生一大堆极复杂的现象，这些事实不需要直接经验就可以掌握，只需以足够确定的普遍语法与少数经验相结合，就可以推出这些现象。

可以看出，后期的乔姆斯基转向了某种意义上的“实在论”。这里所说的“实在论”是指以大脑的物质能力为基础，从生理学、心理学角度说明人的语言能力或语言机能。乔姆斯基甚至希望将来有可能发现大脑的基因排列，从而了解语言依赖于大脑的本质。其实，正如在本章第三节“身心关系”中谈到的意识的生成一样，语言的生成是根本不可能完全还原成大脑的生理机能的。彻底的还原主义终归是一种不切实际的幻想。

与维特根斯坦和蒯因语言理论进行比较。维特根斯坦的早期语言理论认为语言是现实的图画，又认为语言描写事实的逻辑结构，想像一种语言，就是想像一种生活类型。维特根斯坦的后期语言理论认为语言是工具，它可以为这种目的服务，也可以为那种目的服务。不管是维特根斯坦的早期观点还是他的后期观点，都把语言看成是经验使用的产物。他的早期观点认为语言与事实符合，后期观点则认为语言使用是人的规定，一个词有各种用法，可以用于提问题，用于请求，也可以用于许诺。语言是游戏，与家族相似。语言的规则体现于人的语言使用之中，而不是先知道规则然后使用语言。

维特根斯坦与乔姆斯基观点对立的焦点在于有没有先天的语言规则。乔姆斯基认为，即使说语言是游戏，也不是一步一步的游戏项目加起来的总和，而是在这种游戏背后先有一个规则系统，这就是说，维特根斯坦忽视了这个起决定作用的规则系统，把规则看成经验的了。

蒯因的知识论把知识看成是一个相互联系的整体，表达知识的语言也是一个相互联系的整体，如果经验观察有了变化就会使一个表达这种经验的句子发生变化。句子与句子之间有等级的不同，由外层到内层可以区分为观察句子、局部规律句子、一般规律句子、逻辑与数学句子，它们都同样地会随着经验观察而发生变化，只是有的变得快，有的变得慢，越是外层的变化越快，越是内层的变化越慢。这种观点认为，经验决定语言的变化，语言是从经验中来的。

乔姆斯基从历史上的唯理论观点去寻找解决认识论问题的理论。他在解决认识论问题时，着重说明人的认识的创造性与生成性。所谓语言的创造性与生成性是说，有限的原始的语言经验材料会自己生成无穷多的句子。在学习语言的过程中，一个人并不是熟悉了一个句子以后，才能说一个句子，而是熟悉了一些语言材料之后，就可以举一反三。这里的关键仍然在于突现生成的"内部模式"。如果能够找到语言自动生成的内在规则体系，那么人类对语言的理解将会发生质的飞跃。而若真如乔姆斯基所言，人类的语言是通过一套复杂的规则体系所生成，那么，无疑为当代生成本体论添了一项新的证据。

第五章 “突现”的认识论问题

第一节 问题的提出

一、何谓“认识论问题”

所谓“认识论问题”，是指认识客体的客观实在性问题，它有着极深的西方哲学的背景。

我们知道，认识论中包含着两类关系：主体与主体的关系和主体与客体的关系。后一类关系可归结为这样的问题：我们认识的客体是否是不依赖于我们的意识而独立存在的客观实在？我把它称为“认识论问题”。

按照朴素的常识来说，这个问题的回答应该是不言而喻的。没有外界对象的存在，我们的认识活动是无法进行的。大科学家爱因斯坦一生坚持这样的信念：承认有一个不依赖于我们的意识而客观存在的独立实在，是一切科学研究的基本前提。这是他在对量子力学的解释问题上与以玻尔为首的哥本哈根学派爆发争论的主要思想根源。

然而，基于常识的信念是一回事，给出严密的哲学论证又是另外一回事。在西方哲学史上，大部分唯理论者和几乎所有的唯心主义经验论者都对此问题给出了否定的回答，说明这不是一个单凭常识就可以解决的问题。

在第三章中我们已经看到，在经验论的阵营中，贝克莱只将洛克关于物体两类性质划分的理论稍加发挥，便得出了一个极端唯我论的命题：“存在就是被感知”。的确，既然承认物体的色、香、味等第二性的质与人的感官有关，那么只要再向前走一步，把物体的第一性的质也看做与感官有关不是顺理成章的事情吗？至于“月亮在没有人看它的时候是否存在”这样一个问题，对贝克莱来讲根本不成为问题，他说：

> 如果我说我的书桌存在，那是因为我的精神在感知它；如果我走出书房，仍然说我的书桌存在，那意思是说，只要我重新回到书房，我的精神便能够感知它；如果没有任何人的感知，我仍然说我的书桌存在，那是因为有一个最高的精神——上帝在感知它。①

既然承认在所有的属性背后有一个形而上学实体支撑的理论在逻辑上缺乏必然的根据，那么抽掉这个形而上学的实体，只承认现象的实在性的理论在逻辑上照样也能够自洽，这就是为什么哲学史上否认物质存在的哲学学派一再复兴的根本原因。（关于这个问题，只要回忆一下相对论和量子力学兴起时在哲学领域引起的激烈争论就足够了。）列宁也说，这种唯我论虽然极端荒谬，但仅凭三段论和逻辑推理竟然驳不倒它，实在是人类智慧的耻辱。其实，这不是耻辱，而是悖论，人类智慧就是在这种悖论中前进。

在贝克莱之后，同属于经验论阵营的休谟开始对人类科学和理性的基础——因果关系发起攻击。经过休谟的分析，因果关系一样缺乏必然的逻辑基础，它不过是一种习惯性的心理联想而已。休谟是哲学上的怪杰枭雄，他抽掉了人类引以为傲的巍峨堂皇的科学大厦的支柱。唯心主义的经验论在休谟那里也走到了穷途末路。罗素在他的两卷本的《西方哲学史》中高度评价休谟，

① 《列宁选集》第二卷，人民出版社，1960年版，第37页。

认为休谟给他之后的所有哲学家下了一道战表，而且到现在为止没有够得上对手的回应，因为哲学史上这个著名的“休谟问题”还没有答案。

插图 30：休谟（D. Hume，1711—1776），英国古典经验论的最后一个代表人物。他以无畏的理论勇气将洛克开创的经验论推向极端，从而彻底暴露了经验论的内在理论矛盾。他的出现预示着经验论的危机，沉重打击了旧形而上学的独断论，为后来康德的伟大综合铺平了道路。

是休谟惊醒了康德独断论的迷梦。康德的先天知性概念学说引起了许多误解，一直被认为是主观唯心主义。其实这一学说指明，每一个个人在从事获取经验知识的活动时，必须具备先天的认识形式，这是对的，也符合人类认识的实际。事实上康德并没有试图探讨每一个个人的这种知性能力是怎样得来的，他只限于指出人有这种能力。只有实证科学才探讨人类具体的认识过程，哲学则追问人类作为一个整体为何具有认识事物的能力；牛顿如何发现万有引力定律以及爱因斯坦如何发现相对论是科学史和科学心理学研究的对象，而人类为何能够取得如此重大的科学成就，才是哲学探讨的课题，这是人类作为物种的能力，哲学探讨人类的认识之"根"。因为如果不是牛顿和爱因斯坦，也会有别的人可能发现它们，牛顿和爱因斯坦只不过是人类智慧的杰出代表而已。因此，康德的先天知性和先天范畴不过是人类固有的认识能力的哲学表述而已。

康德与经验论者也有重大区别。他们虽然都拒斥形而上学，但康德的目的是为了改造旧形而上学，重建新的形而上学，这从《作为未来形而上学导论》这本书的书名就可以看出。康德之后，经过费希特、谢林，黑格尔又建立了一个庞大的、无所不包的、以"绝对精神"为核心的形而上学体系。康德最初设想的形而上学体系其实是"道德本体论"，或曰"实践本体论"，这里的实践主要指道德实践，奠基于道德实践领域里的三项公设：上帝存在、意志自由与灵魂不死。但后来西方哲学的发展并未按照康德设想的路走下去，由康德开创，后来黑格尔集大成所创立的那个庞大的形而上学体系，如果一定要找个名词标志它，那么最合适的术语是先验论，或者叫"先验理性本体论"。

这样，康德既保留了"物自体"的客观实在性，又把我们的认识限于经验现象领域。如第三章的结论部分所说，康德的哲学为他以后的各个哲学派别留下了纵横驰骋的一大块"飞地"。黑格尔清洗掉康德的物自体，将它溶入无所不包的巨大主体——"绝对精神"之中，成为绝对精神的一个环节。认识的客体再一次被主体所涵盖和吞噬。至于西方现代哲学中的现象学与存在主义，透过胡塞尔、萨特与海德格尔的一大堆抽象晦涩术语的迷雾，我们看到的仍然是被“现象”与“实在”的关系弄得焦头烂额的现代西方心灵。

这就是西方哲学中所谓的“认识论问题”，即认识客体的客观实在性问题。在某种意义上，它当然也是本体论问题。它在科学哲学领域则表现为实在论与反实在论之争，即科学理论的概念、术语在客观世界中是否有其对应物，以及科学理论是否逐步逼近客观真理。各派理论和学说对此问题一直众说纷纭，争论不休。

二、“缸中之脑”

“内在实在论”的代表、美国科学哲学家普特南在他的《理性、真理与历史》一书中曾引用过一个“缸中之脑”的故事，这是一个哲学家们讨论的科学幻想中的可能事件。设想一个人（你可以想象就是你本人）被一位邪恶的科学家做了一次手术，此人的大脑（你的大脑）被从身体上截下并放入一个营养钵使之存活，神经末梢同一台超科学的计算机相连接。这台计算机使这个大脑的主人具有一切如常的幻觉：人群、物体、天空等似乎都存在着。但实际上此人（你）所经验到的一切都是从那架计算机传输到神经末梢的电子脉冲的结果。这台计算机十分聪明，此人若要抬起手来，计算机发出的反馈会使他“看到”并“感到”手被抬起来。不仅如此，那位邪恶的科学家还可以通过变换程序使得受害者经验到（即幻觉到）这位科学家所希望的任何情境或环境。他还可以消除脑手术的痕迹，从而使受害者觉得自己是一直处于这种环境中的。这位受害者甚至还会以为他正坐着读书，读的就是这样一个有趣但荒唐之极的假定：一个邪恶的科学家将人脑从人的身体上截下，放入一个营养钵中使之存活。神经末梢据说接上了一台超科学的计算机，它使这个大脑的主人

插图31：普特南（H. Putnam，1926— ），科学哲学中内在实在论的代表，被称为“戴着人类面孔的实在论”，主张科学真理都是在某个确定理论体系内的属人的真理。在《理性、真理与实在》一书中，他对那个著名的思想实验“缸中之脑”进行了巧妙而独到的分析。

具有如此这般的幻觉……

我们还可以设想，不止一个大脑放在钵中，相反，所有人类，或许所有有感觉的生物的大脑都在钵中——除了那个邪恶的科学家在营养钵之外。或许，并没有邪恶的科学家，而这宇宙恰好就是管理一只充满大脑和神经系统的营养钵的一台自动机（这也并非没有可能）。

这个设想的故事向人类的智慧发出了挑战：我们怎么能够证明自己不是正处于这种困境中的“缸中之脑”呢？这明显就是贝克莱的“存在就是被感知”的现代翻版。

但普特南在书中给出了一个巧妙的论证来反驳“缸中之脑”的假设。普特南认为，“我们是‘缸中之脑’”这个命题不可能是真的，因为它是自相驳斥的，即某命题为真隐含着它为假。论证是：如果我们是“缸中之脑”，那么我们关于外界客体的概念如“树”、“马”、“云”等，就不是实际的树、马、云的形象，而是由计算机操纵出现的幻觉。同理，当我们思考“我们是‘缸中之脑’”这一命题时，这一命题中所包含的概念如“缸”、“营养液”等也不是实际的缸和营养液，而是计算机脉冲输入神经末梢的信号。因此，“我们是‘缸中之脑’”这一命题为假。这个命题是自相驳斥的。与此类似的自相驳斥的命题，还有逻辑学上的“所有的全称判断为假”以及认识论上的“我不存在”等。这样，我们似乎不借助于实践，单靠逻辑就驳倒了怀疑论和唯我论。①

三、类型论

分析哲学家罗素也碰到这类问题，他进行了细致分析，结果另辟蹊径，发现了逻辑上的“类型论”。

众所周知，罗素曾致力于将数学还原到它的逻辑基础，但他很快便遇到了一个严重的困难，几乎使这项工作中途夭折。这便是著名的“罗素悖论”的发现。

我们知道，现代数学是建立在“类”这个概念之上的，罗素也是用“类”来定义数的。我们可以这样把“类”划分为两种：一种类本身不是自己的元素，比如人的类本身不是一个人，因而它不是人的类的元素；另一种类本身则是自己的元素，比如一切可思考的东西的类，它本身仍是可思考的，因此它是自身的

① 关于“缸中之脑”以及普特南对它的驳斥，可参见普特南著，童世骏、李光程译：《理性、真理与历史》，上海译文出版社，1997年版，第11—13页。

元素。前一类集合称为普通集合（ordinary set），后一类集合称为奇异集合（funny set）。

现在我们来考虑普通集合。如果把所有的普通集合组成一个类，那么它还是不是自身的元素，即它还是不是普通集合？如果回答说“是”，那么，它必须具有它的每一个元素的特征，则它不是自身的元素；如果回答说“不是”，那么它就不具有其元素的特征，则它又只好是自身的元素。这样，按照原来对类的性质的约定，不论我们回答是或否，都会导致一个刚好相反的回答。这就是悖论：一个命题蕴涵着自己的否定命题。

如果将罗素悖论通俗化，其实就是我们日常生活中熟悉的“说谎者悖论”和“理发师悖论”。

所谓“说谎者悖论”，是指古希腊克里特人恩披美尼德的话：“所有克里特人都是说谎者。”罗素就此论述道：

> 恩披美尼德一口气睡了六十年，而且我相信，正是在这一觉醒来时，他才说所有克里特人都是说谎者这句话的。我们可以把这个悖论表达得更简单些：如果有人作了这样一个陈述：“我在说谎”，那么他是在说谎呢，还是不在说谎？如果他在说谎（这是他说自己正在做的事），那么他在说真话，因而他在说谎。这是古代的一个难题。①

所谓“理发师悖论”，是指一个理发师宣称：他要给所有不给自己理发的人理发。那么，他究竟应否给自己理发呢？如果他给自己理发，那么他成了给自己理发的人，根据承诺，他不应该给自己理发；如果他不给自己理发，他成了不给自己理发的人，根据承诺，他又应该给自己理发。理发师陷于啼笑皆非的两难处境。

① 罗素：《逻辑原子主义哲学》，载《逻辑和知识》，第262页。

这类悖论与前述普特南“缸中之脑”的难题一样，根源在于：一个命题反身指向自己。罗素解决悖论的努力导致逻辑学上的一个非常重要的理论的诞生，这就是罗素的类型论。他正确地看到这些悖论的要害就在于我们引进了某个不合法全体，换句话说，就在于我们进行了恶性循环的推理。悖论的产生是我们不合法地使用语言的恶果。顺便说一句，语言问题是分析哲学家和逻辑经验主义者津津乐道、百谈不厌的话题，他们有根深蒂固的“语言情结”。对他们来说，所有哲学混乱和哲学谬误的产生，根源都在于人们对语言的误用。

以说谎者悖论为例，当一个人说“我在说谎”的时候，他实际上在断定某一个命题为假，而这个被断定的命题当然属于某类特定命题全体中的一个。这样，我们实际上预先假定了在我们面前呈现着一个命题全体。然而，当我们进行推论时，又把这个断定本身归入了这个命题全体，即把“我在说谎”这句话本身也归入那个预先给定的命题全体而一起进行断定。这无疑是表示，我们预先给定的命题全体其实并没有最后完成，因而是不合法全体。我们的推理陷入恶性循环。

为解决这个悖论，罗素引入了命题的逻辑类型这个概念。我们可以先从原子命题，或从完全不涉及命题集合的命题出发，这称为第一类型的命题，然后再接着考察与第一类型命题集合有关的命题，这称为第二命题。以此类推，这样，悖论的出现也是由于未能正确区分不同的逻辑类型。

如果我们把这一点运用于说谎者，我们就可以发现，矛盾消失了。由于“我说谎”这个命题已经涉及第一类命题的全体，它本身属于第二类命题，我们不能再将它划归入第一类命题。同样地，如果他说，他正在断定一个第 30000 类型的假命题，那么这个断定本身就是第 30001 类型的陈述，因此，他仍然是说谎者。

为了避免类似悖论的产生，罗素引入了恶性循环原则（当然，这个原则是为了避免恶性循环，就像矛盾原理是为了避免矛盾陈述一样）。它的核心思想是：某个全体的范围一旦被确定，那么，这个全体的范围就不允许再改变了。

插图 32：科学大师爱因斯坦（A. Einstein，1879—1955）（左）与著名数学家、逻辑学家哥德尔（K. Godel，1906—1978）。哥德尔不完全性定理彻底终结了人类企图获得确定无疑的“终极真理”的梦想。爱因斯坦曾经说过，他退休后的研究工作已经没有什么价值。他之所以还住在普林斯顿大学的校园，就是为了享受下班后与哥德尔一起散步回家的乐趣。

1931 年，哥德尔提出了著名的“不完全性定理”，即一个形式化系统的完备性与不矛盾性不可能同时满足，也即命题的真理性与可证明性不能划等号。“不完全性定理”对科学与哲学都具有强烈的震撼性意义，它从数学上宣告人类追求“绝对”确定性真理的企图完全是徒劳的。

对于“缸中之脑”也可作如此推论。“我们是缸中之脑”是第一类命题，思考“我们是缸中之脑”涉及对第一类命题全体的反身指称，因而属于第二类命题，它们不可混淆在一起而笼统地判定真假。

这样看来，普特南企图很“省事”地只用逻辑驳倒怀疑论的愿望便落空了。

这里可以附带一提的是普特南的“内在实在论”，我们第二章讨论库恩的相对主义时已经提到过这个流派。普特南把肯定外界客体存在的理论讥讽为“神目的真理观”（因为它假定了超越于人类的“上帝之眼”），他也宣称不同意极端的相对主义。他所提倡的“内在实在论”主张：(1)只有在某一个理论模型或描述框架之内，问“世界是由什么组成的”才是有意义的；(2)对世界的“真实的”理论或描述不止一个；（3）“真理”是某种理想化的合理的可接受性。[①] 不用多加评论，立刻可以看出内在实在论与康德的渊源关系。普特南费了九牛二虎之力最终也没有划清自己的内在实在论与相对主义之间的界限。库恩在讲演中则一方面声称自己靠近普特南的内在实在论，另一方面又把自己的理论称为“康德式的达尔文主义”，他最后求助于康德的物自体以维护外部世界的实在性也就是情理之中的事了。

第二节　突现的认识论问题

一、突现与解释理论

之所以叙述哲学史上的认识论问题，是因为这一问题在突现

① 普特南著，童世骏、李光程译：《理性、真理与实在》，上海译文出版社，1997 年版，第 56 页。

理论兴起时又一次变得尖锐和突出了。

我们知道，科学哲学内部，无论是逻辑经验主义学派，还是历史主义学派，都很关注科学说明（解释）问题。突现理论的兴起无疑为科学解释新添了一种“范式”（借用库恩的术语）。突现论的解释宣称突现现象既不能从其组成部分中预测和推论，也不能还原为组成部分，寻求新的、更高的突现层次上的解释，意味着承认从部分推论全体（还原论）的解释是不充分的。然而，“突现”本身是可靠的吗？它的哲学基础是什么？自然界真有“突现”这种东西，还是它仅仅是我们头脑中的幻象？关于这个问题历来有各类众说纷纭的观点和理论。

突现进化论刚开始盛行，就遭到来自对立阵营的批评，认为突现仅仅是对从微观推出宏观的错误的决定论的一种反动，因而是一个暂时的理论。一旦有更好的理论出现，我们就不必再求助于突现理论，因为新的、更好的理论是决定论的、还原论的，从部分推导出整体的①。突现仅仅是我们现在还不知道但将来一定会知道的某种东西的标签而已。

亨普尔与奥本海姆认为②，由于突现相对应于某种特定的理论，而理论总是发展的，因此，突现的理论结构会不断改变，而没有一个固定的突现理论。

刘易斯则倾向于突现是暂时结构的观念，但摩尔根和亚历山大则认为突现现象既不可还原也不可推导，即使“原则上”也是如此③。其实，对摩尔根来讲，突现理论的暂时性与他的科学观并不矛盾，反而是支持他的科学观的，因为他认为科学本来就

---

① P. Henle，(1942) the states of emergence，Journal of Philosophy，39，p. 486—493.

② C. G. Hemple，and Oppenheim ，(1948) Studies in the Logic of Explanation，philosophy of science，15，p. 135—175.

③ A. Stephen，(1992) Emergence：a systematic view on its historical facets，Berlin：Walter de Gruyte，p. 25—48.

插图 33：亨普尔（C. Hempel，1905—1997），著名科学哲学家，因最早提出科学解释的 D—N 模型而闻名。这是科学哲学中的经典解释模型。

是处理那些我们不可能有确切知识的事物。但对于突现进化论者来说，这种暂时性是一个至关重要的问题，因为突现的不可预测性支持他们关于宇宙进化有多种不同的选择蓝图的断言。

历史上确实出现过人们所期望的更好的理论，这就是量子束缚理论。它用反应物的微观决定性解释化合物的新性质，似乎是对古老的还原论理论的回归。量子束缚理论的发展正是导致早期突现论寿终正寝的原因之一。

所有的争论归结为一点：突现是否是一个好的解释理论？

根据科学哲学的解释理论，科学规律对现象的解释模式共有四种：演绎—规律解释，归纳—概率解释，《目的—功能》解释，以及发生学的解释。可以分述如下：

演绎—规律解释。亨普尔与奥本海姆于1948年发表了一篇重要论文《解释的逻辑研究》（Studies in the logic of explanation），14年之后即1962年，亨普尔又发表了一篇名为《演绎规律解释与统计解释》（Deductive Nomological vs Statistical explanation）的论文，揭示了日常生活中和科学表述中某些解释的省略特征，进而揭示了所有科学解释的共同逻辑结构。他把涵盖于全称规律下，从先行条件的陈述中演绎出被解释现象的逻辑模型，定名为D－N模型，即Deductive-Nomological model，翻译为中文即演绎—规律模型。亨普尔上述两篇论文是研究解释逻辑的重要文献，有人统计自1948年后30多年来杂志上发表的有关解释的论文，无论同意或不同意亨普尔的观点，75%都与这两篇论文有关。

D－N模型可以表述如下：

解释者：L_1，L_2，…，L_n（规律陈述集）

C_1，C_2，…，C_m（先行条件陈述集）

被解释者：E（描述被解释事件的语句集）

当E为已知时，D－N模型是解释模型；当E为未知时，D－N模型为预言模型，但E尚未观察到。在这里，解释是倒写了的预言，预言是潜在的解释，检验是预言的兑现。

归纳—概率解释。并不是所有的解释都建立在严格的全称规律的基础上，从而演绎出被解释的现象。除了上述演绎—规律解释释之外，还有一种基本的解释模型，它建立在统计规律或概率性规律的基础上，对被解释的语句给予一定的归纳支持，与 D - N 模型相对应，这种模型被称为 I - S 模型（Inductive—Satisticalt explanational model），翻译为中文叫归纳统计解释模型或归纳—概率模型。

归纳统计解释的一般形式可以表示为：

L：（x）［P_x——P_r（Q_x/P_x） $=r$］

C：P_a

E：Q_a（以一定的概率 r 发生）

概率性解释和演绎规律解释一样，将先行条件看做被解释现象的原因，将被解释现象视作先行条件的结果，并且二者都是通过某些一般规律将结果与先行条件联系起来。概率性解释也和演绎规律解释一样，它不但可以解释单称和统计事实，而且可以解释全称经验规律和统计经验规律，甚至还可以解释全称理论规律和统计理论规律。

关于 I - S 模型在什么意义上是解释的问题，哲学家们有不同的意见。亨普尔认为，发生概率 r 一定要大于 1/2 才算得上是解释和预言。但杰弗里（Jeffrey）与萨尔蒙（Salmon）反对这个统计解释的高概率要求，认为无论现象以多高的概率出现，都是一种解释。这里，亨普尔将比较强的解释与给被解释者一定程度的归纳支持两者弄混淆了。从前提得出结论的概率无论大小，解释力无论强弱，都是一种解释。统计解释本来就和演绎解释不同。它本来就不是给被解释者一种完全的解释，而是给被解释者一种部分的解释，这个部分可以是弱的也可以是强的。低概率解释和高概率解释一样都算作一种解释。

目的—功能解释。用某种预期的自觉的目的解释某一现象和事件，称为目的—功能解释。这一般是用来解释有人参与的事件或现象。

发生学解释。用系统过去的状态解释现在的状态，称为发生学解释。这里的关键在于系统的时间性特征，即系统状态随时间不断变化，且变化是不可逆的，即时间具有方向性，有“时间之矢”。

我们在第二章曾经提出突现论的定性的科学模型，它对自然界突现现象的解释主要是演绎、目的和发生学的三种解释的混合。系统“吸引子”的出现使系统的行为带有某种目的性特征，这是突现论不同于以往科学的显著特点。对于复杂系统来说，时间的方向性尤为重要，系统敏感地依赖于初始条件，因此发生学解释也是突现论的解释模式之一。

笔者认为突现理论是一个好的解释理论，理由如下：

1. 突现理论并不是为了抵制还原论而发明的一个权宜的、暂时性的理论，也不仅仅是为了掩饰人类自身无知的标签。突现论是在复杂性科学及其他具体科学的广阔背景上生长起来的横断科学，有各门具体科学的最新成就为基础，并在各个领域得到广泛应用，这是有目共睹的事实。

2. 突现理论已逐步形成自己的概念、规律、理论纲领和学科体系，其科学模型已具备雏形（见本文第二章）。虽然和还原论科学比较起来，它的体系还不够完善，但这是所有新兴学科成长时期的必然现象。

3. 突现的理论结构的不断改变，正是突现理论随着科学与社会实践而不断发展的标志。

4. 早期突现论在量子束缚理论的挑战下土崩瓦解，是由于早期突现进化论者没有正确理解突现概念所致，具体地说，他们所举的突现例证出了问题。突现的最明显的表征是系统吸引子的出现，吸引子是数学非确定性的最好例子，它足以击碎所有将来会出现更好的还原论理论的幻想。

5. 在复杂性理论中，由于复杂系统的非解析可解与非线性，使得可预测性成为不可能，这样，在突现轨道的每一个节点上，突现现象都会有所不同。结果是："突现"的突现似乎没有尽头（我们可以回忆一下量子力学中冯·诺伊曼的"观察者的观察者"的无穷链条）。这使得突现的不可预测性总是走在预测的前面，也使得突现总是走在有关它的暂时性论据的前面。结果突现似乎总是出现在此时此地。好比量子力学中不确定性原理的作用，复杂性理论揭示出的复杂系统的非线性引入了甚至是"原则上"的一定程度的不可预测性，而无论我们的探究工作走得多远。

二、"认识论的幻象"

其实，隐藏在暂时性理论背后的假定是形而上学的而非科学的：只存在一个基本的本体论层次，科学解释（说明）的目标是把所有后来的层次还原到这个原始层次。这个形而上学的假定被称为"本体一元论"。这个假定与突现的暂时性理论密切相关，因为它隐含着这样一个结论：一旦出现更好的微观理论，现在被视为突现的现象最终将被还原到微观层次上。

然而，科学解释学的发展却使本体一元论的理论基础受到怀疑。物理学家、科学哲学家邦格（Mario Bunge）发展了奠基于科学之上的多元本体论，[①] 对突现理论有利的证据开始出现。邦格的理论又叫"突现唯物论"。他认为一切心理状况、事件和过程都是一些脊椎动物的中枢神经系统（CNS）中的状态、事件和过程。在它们的相互关系问题上，就 CNS 中的细胞组成部分而言，这些状态、事件和过程是突现的。所谓心理、生理的关系是 CNS 的不同系统之间的相互关系。后来的科学发展越来越表明，

① D. Blitz, (1992) Emergent Evolution: Qualitative Novelty and the Levels of Reality, Dordrecht: Kluwer Academic Publishers.

插图34：邦格（M. Bunge，1919—），物理学家，哲学家，以“多元本体论”的思想揭示了复杂性科学与突现论的哲学含义。

自然界倒还真是一个多层次的、首尾相接的、“团团转”的复杂系统。科学哲学家威廉·威姆萨特（William Wimsatt）① 指出，如果我们集中注意力于某一个层次，不言而喻地隐含着这样一个认识：这个层次与整体以及其他部分的联系，和其他部分比较起来更加强烈，也更加紧密。因此，这个特殊的层次，这里是宏观层次上的突现，应该是科学解释开始的地方。威姆萨特把这种通

① W. Wimsatt，(1976) Reductionism，Levels of Organization and the Mind-Body Problem，in G. Globus，G. Maxwell，and I. Sabodnik（eds），consciousness and the brain，New York：Plenum Press.

过层次寻求解释的方法归为解释的统计参考理论。这里，如果我们将威姆萨特的说法与杰弗里·丘（Geoffrey Chew）的“靴绊理论”作一对比，可以将这种层次之间的关系看得更加清楚。“靴袢理论”说的是：自然界不可能被还原成任何基本的实体，而必须通过自我一致才能得以完全理解。在此理论中没有基本方程或基本对称性。物理实在被看做是相互联系的事件之动态网。事物的存在是借助于它们相互一致的关系，并且一切物理学都无例外地符合这样的要求，即它们的成分相互一致且与自身一致。

我们还可以将突现现象与因果效应联系起来，它能够为研究突现的多层次之间的关系开辟新的思路。在第四章阐述“心—身关系”时我们曾提到过脑神经科学家罗杰·斯佩里（Roger Sperry）①，他发展了“心—身关系”的突现模型。斯佩里还发现，心产生于大脑的功能，但心也反过来作用于脑（“向下的因果性”）。进一步推论，便引出了问题：如果突现有因果作用，它们又怎么能是暂时的呢？这显然为突现的客观性提供了证据。总之，应该有各种考虑突现的方式，从而给宏观层次的突现以应有的地位。

突现的暂时性问题其实就是突现的本体论地位问题。突现究竟是本体论的，还是认识论的？如果是前者，则它是现实世界的一部分；如果是后者，则它仅仅是我们的认识论功能，是自身带有向世界投射模型的机理的认知设备（类似康德的认识论）。换句话说，突现是否仅仅是“认识论的幻象”？

进化生物学家、《自私的基因》一书的作者里查德·道金斯（Richard Dawkins）② 提供了一个认知模型的例子。道金斯是还原论的大师，他用此例来说明突现仅仅是认识论的人造物。他描

① W. Sperry. Roger（1986）Discussion：Macro Versus Micro-Determinism，philosophy of science，53，p. 265—170.

② R. Dawkins，（1996）Climbing Mt. Improbable，NY：W. W. Norton.

述一天的某一时刻，阳光从天空的某一位置照耀山边的风景。从某个特定位置观看，这风景好像肯尼迪肖像的轮廓。当然，肯尼迪并不在那儿，那仅仅是风、空气与地震在适当的时间和适当的地点共同作用的结果。同样，计算机科学家霍兰德（John Holland）① ——他写过一本关于突现的书，他的著作在复杂性理论领域有相当的影响——在真实的突现现象与他称之为“偶然发现的新奇”之间作了区分；在他看来，后者如同照耀在微风中的树叶上的阳光所玩儿的把戏。

关于本体论地位的问题，没有人比混沌与复杂性物理学家克拉奇菲尔德（James Crutchfield）更清楚地阐释了这一点。

> 的确，待检验的模型常常是被分析家们所选择的有利于确证模型存在的统计资料而简单地假定。明显的后果是“结构”由于观察者的偏见而消失不见……这种情况如果有的话，也非常少见：根据最小偏见的发现程序、完全从现象自身抽取恰当的概念模型。简单地说，在模型形成的王国里，“模型”是通过猜测然后被确证的……虽然在某些基本的层次上模型信息发挥着重要作用。问题是突现模型的“新”总是针对系统外的观察者，他们通过可能规则的固定调色板观察系统……当新的物质状态从相变中突现，比如，最初没有人知道“控制序参量”……经过不定量的创造性思维与数学发现，人发现和证明自己正确地抓住了可测量的统计数据。②

克拉奇菲尔德指出，突现理论避开了传统的物理学，“因为

① J. Holland,（1998）Emergence: from Chaos to Order, Reading, MA: Addison Wesley.

② J. Crutchfield,（1993）The Calculi of Emergence: Computation, Dynamics, and Induction, Santa Fe Institute Working Paper#94-03-016, p. 3—4.

没有物理定理规定和检验如何观测自然结构。”① 而传统物理学工具的检验结果或者完全有序或者完全无序，中间状态被消除掉

插图 35：克拉奇菲尔德（J. Crutchfield，1912—），混沌与复杂性理论家，以鲜明的语言揭示了“突现是否认识论幻象”的重大理论问题。

了。但恰恰中间状态是突现发生的地方（“混沌的边缘”）。结果，由于缺乏抓住突现序的有效框架，阻碍我们对突现本体论地位的认识。

如前所述，突现的本体论地位问题与突现的客观性问题紧密

① J. Crutchfield，（1993）The Calculi of Emergence：Computation，Dynamics，and Induction，Santa Fe Institute Working Paper#94-03-016，p. 8.

相连。这涉及突现的哲学基础这个不容回避的难题。

这里，突现理论碰到了它的学科存在的合理性问题，但说到底这是一个哲学问题，因为它涉及突现的本体论地位。这的确是一个棘手的难题。试想：如果突现理论不是对自然界本质的恰当说明（解释），如果突现归根到底是一个“暂时”的理论，只是认识论的“幻象”，那么，现代突现理论甚至整个复杂性理论的基础便崩溃了。这里，突现论碰到了和相对论与量子力学诞生时相同的问题，如同瓷器店里闯进了一头公牛，我们传统的哲学信念受到了挑战。和量子力学的不确定性是客观的一样，我们相信突现现象也是自然界固有的性质。对它的哲学基础的寻求迫使我们回到古老的整体论与生机论，向亚里士多德、黑格尔、怀特海、海德格尔这些伟大的思想家寻找灵感。自然界仿佛如黑格尔所说的具有“理性的狡计”，在无目的的发展中达到了自己的目的。这正是笔者在第三章中为自己规定的目标：为当代突现论寻找自己的本体论——“当代生成本体论”。当然，这一概念还有待拓展和深化。在这方面，哲学家还有很多艰巨而迫切的任务要完成，因为我认为，突现自身缺乏坚实的哲学本体论基础，比起现代物理学缺乏处理突现的工具来要更加危险得多。

后记　复杂性与后现代主义

将复杂性与后现代性并列并且作为后记的内容，不仅因为它们的基本思想有着内在联系，而且因为它们在现时代的遭遇的相似性：二者都曾经被人当作现代思想的时髦，或孜孜以求，或不予理睬。

无论是否愿意称我们的时代为“后现代”，但却不能否认我们生活的世界是复杂的，我们不得不面对并处理这种复杂性。利奥塔曾经抱怨他的《后现代状况》一书“遮蔽”了他的其他著作，这正好说明后现代思想对当今时代的冲击力。用以应对复杂性的传统的（或现代的）方式是找到一个安全的参照点作为基点，无论这个参照点是什么——完美理念的超验世界、极端怀疑论的精神、现象学的主体，等等，这个参照点成了现代思想包医百病的灵丹妙药和抵御复杂性思想侵蚀的避风港。

在这篇后记中我试图分析复杂性模型与后现代主义的关系，特别是个人伦理与价值问题。我反对后现代意味着“怎么都行”的观点，恰恰相反，我认为后现代对复杂性有内在的敏感，它承认自然与社会中自组织与复杂系统表征理论的重要性。后现代主义为复杂性科学和突现论提供了一个可理解的哲学框架，而复杂性科学和突现论也为后现代主义思潮提供了理论的支撑。

第一节　后现代主义：一种解释理论

一、什么是后现代主义

“后现代”这个词具有如此多的不同含义，以至于我们不可能给它精确地下定义。有时“后现代主义”与“后结构主义”被人们混用，有时二者又被作出明确的区分。后现代有时是一个严格的理论术语，有时却又是描述当代文化境况的模糊概念。为清楚起见，我着重讨论后现代的经典著作——利奥塔的《后现代状况》。在此我不想对后现代主义提供某种辩护，或某种特定的解释，而是想用复杂性的概念模型分析当代社会与社会理论，从而揭示复杂性理论与后现代主义的内在联系。

利奥塔的目的是研究发达社会的知识状况，他因此发展了他的后现代主义理论。他认为，现代社会的科学知识为使自身合法化，习惯上求助于发挥整合功能的元话语。这种元话语一旦发

插图36：利奥塔（J-F. Lytard，1924—1998），法国著名哲学家，因《后现代状况》一书中对后现代社会里知识特征的分析而被誉为“后现代主义之父”。

现，所有的知识形式都可以综合进一个总的叙事框架之中。这是“现代主义之梦”。利奥塔说：

> 我用现代这个词指任何必须求助于某种类型的大的叙述框架的元话语以使自身合法化的科学，如精神辩证法、意义阐释学、理性主体或劳动主体的解放，或财富的创造。①

后现代主义因而可定义为“对元叙事框架的怀疑”。利奥塔认为，我们必须面对话语的多元性以及不同的语言游戏——所有这些都是自我决定，而不是从外界取得合法性，而且各种不同的叙事框架是不能相互还原的。

> 叙事功能正在失去它的作用者，它的大英雄，大冒险，大目标。它正在叙事语言要素的笼罩下消散——叙事的，指称的，透视的，描述的，等等。……无论如何，我们不必建立稳定的语言组合，我们建立的语言组合的性质也不必是可交流的。②

这显然是对启蒙时代以来人的理性精神与主体精神的怀疑和消解。在科学哲学领域，利奥塔拒绝将科学解释为对所有真实知识全体的表达。他主张对科学的“叙事理解”，即把它描绘为在它所适用的特殊语境下运行良好的小叙事。与宣称知识的不可能性相反，“它精细化我们对差异的敏感性，加强我们忍受不可通约性的能力”。后现代状况的特征即是相异话语的多元共生。

---

①② J-F. Lyotard. (1984) The Postmodern Condition : A Report on Knowledge. Manchester: Manchester University Press.

二、后结构主义语言学与关联者模型

大部分语言模型，特别是前面谈到过的乔姆斯基的转换生成语言模型，均关注于语言结构。在索绪尔的《一般语言学教程》中，他主要关心的是语言的意义。词汇如何获得意义？他认为语言中包含许多离散的单元，他称之为符号。但他并不关注这些符号本身的特征，而是关注它们之间的关系。

索绪尔认为，符号包括两个部分：能指与所指。前者是语言单位，后者是它所表达的意义。但两者也不是决然分离的。“语言符号是一个心理学整体，……它包含的不是事物与名称，而是概念与声音、形象。”比如，tree 在英语中是一个能指，树的概念则是所指，它们一起形成关于树的符号。语言便是这些符号组成的系统。

插图 37：索绪尔（F. Saussure，1857—1913），著名语言学家，结构主义的创始人。最早在语言领域内运用结构主义方法。后来结构主义方法成为一种普遍的方法论风靡整个人文学界。

索绪尔的结构主义语言学区分了如下四对范畴，奠定了结构主义的理论基础。

1. 能指（signifier）与所指（signified）。所谓“能指”，即是指语言的物质方面，说出来的声音或写出来的标记，如英语的“tree”或中文的“树”等；所谓“所指”，指语言的思维方面，即脑中浮现的观念或影像，当读到单词“tree”或“树”时脑中浮现出来的树的观念或图像。

2. 语言（language）或言语（speech）。前者指说话者必须遵循的整体理论体系或规则结构；后者指单个说话者在现实生活中所使用的说话系统。

3. 结构（structure）与事件（event）。前者是抽象的规则系统；后者指系统所产生的具体的与个别的事实。

4. 共时（synchronic）与历时（diachronic）。前者指静态的、以时间为横截面的考察方法；后者指动态的、以时间为坐标的历史的考察方法。

因此，结构主义思想的基本特征为：

1. 结构与经验事实无关而与模式有关，模式是由理性所建立的，可以通过模式而达到结构。

2. 结构的一个成分发生变化，则相互联系的整体也发生变化。

3. 整体大于部分，关系比关系项更重要。

4. 人是由社会结构所决定的，没有单独的决定作用，因此结构主义反对人本主义。

5. 同时性观察比历史性观察更重要，因此结构主义反对历史主义。

索绪尔的“结构主义”模型可视为复杂系统研究的典范。他的关于意义通过系统差异而产生的卓越见解至今仍是定义复杂系统关系的有效方法。

复杂性起源于大尺度的非线性相互作用，这是它最本质的特征。前面探讨复杂系统的两种模型时，曾经提到关联者模型，它有如下两个显著特征。

第一个特征是强调记忆的作用。这里记忆是指脑的物理状态：哪一条路径被打断（“方便”），哪一条没有。记忆不是有意识的主体的认知功能，而是脑的无意识特征。记忆是为脑的所有功能设定条件的基础。

第二个重要特征是强调神经元的作用。神经元自身没有意义。记忆并不在单个的神经元上，而在于神经元之间的关系。德里达宣称这种关系是一种差异。因此，这个模型与索绪尔的语言学模型在结构上等同：一个差异系统。以德里达对索绪尔模型的解读作为线索，并应用后结构主义探索语言的工具，我们能够发展相互作用的神经元网络的动力学描述。

后现代思想的先驱可追溯至尼采、维特根斯坦与科学哲学家费耶阿本德。尼采对现代性的猛烈抨击及其“打倒偶像”、“重估一切价值”的口号，维特根斯坦的“语言游戏”概念，费耶阿本德的“反对方法”、“告别理性”等，都为后现代主义提供了取之不尽的思想资源。被称做“后现代的精神标志”的德里达就是运用维特根斯坦的“语言游戏”概念无情地解构了西方传统的“语音中心论”。与索绪尔的结构主义语言学针锋相对，德里达指出：语言不是能指与所指的相对应的统一体，而是一个无限差异、无限循环的系统——在能指与所指的不断循环中，符号的表意成为一场游戏，没有任何事物具有绝对的意义。德里达的解构策略提出以下概念和范畴。

1. “延异”（differance）。

（1）其意义在能指与所指循环往复造成的表意游戏中被无限期推后的状态。

（2）“延异”本身也被纳入这个无限循环的系列，无法完全清楚地被定义，它是无所不在的颠覆力量。

2. 播撒（dissemination）。

（1）瓦解统一的意义链条，揭示文本的零散、混乱和重复。

（2）打开文本生生不息的多元意义，使意义的多样性层出不穷。

3. 踪迹（trace）。

（1）描述意义延异的动态过程，是一种文本化的延异。

（2）意义和词语经过不断磨损而残留下的痕迹。

4. 替补（supplement）。

（1）补充：同质因素的添加。

（2）代替：异质因素的填补。

（3）替补在一环扣一环的循环中维系着一个行将瓦解的结构，使文本及其意义不断出现又不断隐没。

德里达批评并发展了索绪尔的结构主义语言学，建立了后结构主义语言学的意义理论。由于后结构主义语言学奠基于关系系统，后结构主义对语言本质的探询能够帮助我们将复杂系统相互作用的动力学理论化。换句话说，语言学中关于意义产生的动力学也可被用来描述一般的复杂系统动力学。

德里达对索绪尔符号描述的批评与他对整个西方哲学传统中他称为“在场的形而上学”的趋向的批评是联系在一起的。对索绪尔来说，他通过如下断言确定了“在场的形而上学”：符号有两个部分，能指与所指，其中所指是精神的或心理的。这意味着当说话者运用符号时，符号的意义对他来说是在场的，尽管意义是由差异系统所组成的。这也是为什么索绪尔坚持“说”的本源性。一旦语言被写下，主体与词汇之间便建立了一种距离，使意义变得不固定。

德里达则认为索绪尔的忧虑完全没有必要。他认为主体与所用词汇之间任何时候都存在距离；即使在我们说话时，符号的意

插图38：德里达（J. Derrida，1930—2004），后现代主义哲学家。他解构了西方哲学中根深蒂固的“逻各斯”中心论，强调在流动中生成意义，被誉为“后现代主义的精神标志”。他与索绪尔在语言学领域里的观点差异成为当代生成本体论的思想资源。复杂性科学的基本理念可以为后现代主义提供一种解释的框架。

义也总是不确定的。这样，所指（或者叫心理部分）从来没有自我表达的意义，它自身也是一个符号，其意义需从其他符号中推出。这便在某种程度上剔除了符号中的“所指”部分。所指也是通过关系系统建立的，其功能和能指一样。所指不是别的，只是在能指之间无穷尽的相互作用中获得意义。意义从来不是简单地表达出来的，我们无法回避解释过程，即使说话者就在我们面前。这就是德里达选择写——“能指的能指”，总是有距离的事物——作为语言学系统的模型的原因：

> 说及其音调，作为无目的性机制的写作——从我们考虑一个给定符号整体的那一刻起，就必须排除任何自然的从属关系，排除任何能指与能指秩序之间的自然等级。如果“写作”意指写字以及更特殊的指符号的持久机制（这是写的概念的唯一不可还原的内核），那么一般说来写就涵盖了语言学符号的整个领域。①

符号的解构，即其心理学部分的移除，与对主体及其意识的解构紧密相连。无论哪一种情况，解构都拒绝“在场”概念。由于没有其内容立即向意识呈现的所指，而只有意义不稳定且有些繁冗的能指，使意识本身的内容也就变得繁冗了。主体再也不能控制作为在场的意义，它自身也是被能指所建构的。

索绪尔仍然把语言理解为封闭系统，而德里达则把它理解为开放系统。由于否定了在场的形而上学，“内”与“外”的区别也成了问题。没有一个意义从其中生成的、外在于语言的空间，有意义的地方就有语言。我们不能将语言与它所描述的世界分离开来。只有当内与外的区别被打破，系统才能变为开放系统。

德里达用“轨迹”概念指语言系统的每个部分加于其他部分的影响。“轨迹”概念与记忆概念有密切联系——记忆是在非物质、非主体的意义上说的。在神经网络中，记忆由神经元之间

① J. Derida, (1976) Of Grammatology. Baltimore: Johns Hopkings University Press, p. 44.

联系的权重来完成。由于这些联系的“分布式”性质，特定的权重没有概念内容，而仅仅在相互作用的大的图式上获得意义。看来“权重”与“轨迹”两个概念可以相互描述。在神经元网络中把权重想像为“轨迹”（德里达意义上的），能够帮助我们理解意义图式最初如何在权重的作用下产生。在语言中将轨迹想像为“权重”，能够使我们相信它们不是某种短暂的东西，而是某种现实的东西，虽然是比较粗糙的现实。

同样，德里达的“差异”概念也可被用来描述复杂神经网络的动力学。如果神经元全体（不管是真实的，还是人工的）产生一种行为模式，行为轨迹在整个网络引起回响；如果网络中有环路，这些轨迹经过一段时间的传播延迟后又反射回来，并且改变（造成差异）在初始位置时产生的行为。由于复杂系统总是包含环路与反馈，延迟自改变将是网络的特征之一。这个性质与差异概念有诸多共同之处。根据后结构主义轨迹与差异的“逻辑”，语言中没有任何词汇（网络中也没有任何神经元）自身具有意义。意义由系统分量之间的动力学关系决定。同样，神经网络中也没有节点自身具有意义——这是分布式表征概念的中心意义。意义由包含许多单元的行为模式推出，模式是大量权重间动力学相互作用的结果。至于当前用于解决问题（主要在模式识别领域）的实际神经网络，则必须有某些条件限定。实际神经网络一般是用来完成特定任务。它们有有限数量的神经元并且总是有相互关联的有限模式。限制也加在权重的价值上和神经元的转换功能上。更进一步讲，一个神经元网络是为一个特定的问题而设计的，权重一般仅仅在学习的状态下改变。一般说来，它们不足以灵活到处理更广范围的问题。在这个意义上，神经元网络更是结构主义的，而不是后结构主义的，能够用索绪尔的术语很恰当地表达。后结构主义概念确实重要。神经元网络要更成功地模仿人类行为，必须变得更加灵活。它们要在新的条件下调整自己的行为，将不得不超越既定的限制。这一点上，后结构主义的洞见将做出重大贡献。

三、后现代主义："怎么都行"

有一个常用来反对后现代主义的重要论据：如果所有的叙事仅仅具有有限的合法性，那么所有的知识将变得相对化，这导致不可接受的相对主义。个人将变得封闭与孤立，任何知识都将失去客观性基础，结果便是费耶阿本德式的"怎么都行"的无政府主义状态。

反对后现代主义的一般论据——否认了固定参照点意味着"怎么都行"——在我看来是站不住脚的。至少对于后现代主义的公认的鼻祖利奥塔来说，后现代主义并不意味着"怎么都行"，利奥塔说：

> 大叙事的崩溃……导致如某些作者所分析的社会束缚的解体与社会群体的分裂，使得大量的个体原子被抛入布朗运动的荒谬之中。这种状况根本不会发生：对我来说，这种观点是对失去的"有机"社会的天堂般描述的幽灵再现。①

认为后现代主义意味着"怎么都行"的人持有非此即彼的二分法的思维模式：一旦否定了僵硬的"集体性"，则个人必将变成孤立的、原子式的碎片。以下引文清楚地阐明了利奥塔的后现代社会模型与关联论者模型之间的关系（包含自组织特征与分布式表征）。

---

① J-F. Lyotard.（1984）The Postmodern Condition：A Report on Knowledge. Manchester：Manchester University Press.

插图39：费耶阿本德（P. Feyerabend，1924—1994），科学哲学中无政府主义学派的代表人物，以拒绝理性、反对方法和“怎么都行”的无政府主义认识论而独树一帜。他将科学的相对主义一面推向极端。他的出现标志着传统科学哲学的终结。

一个个自我的累计形不成多数，但没有自我是一座荒岛：每一个都存在于比以前更复杂、更灵活的关系的交织之中。无论是年轻人还是老年人，男人或者女人，穷人或者富人总是处于特定的交流回路的节点上，不管他们有多么渺小。或者更好：一个人总是处于各种信息

> 从中通过的位置。没有人，哪怕是我们中间最少特权的人，在发送、接收或指示物的位置上对横过或加于他之上的信息是完全没有权力的。相对于这些语言游戏（语言游戏，当然，包括了所有一切）的结果来说，至少在某种限制下（这种限制是模糊的）的移位是允许的。它甚至是调整机制所要求的，特殊地说，也是系统为提高效能而采用的自适应性所要求的。甚至可以说，系统能够而且必须鼓励这种移位到一定程度，使其能战胜自己的熵增：不可预料的“打击”带来的创新，连同对手或一群对手的相关位移一起，能供给系统它所需要和消耗的日益增长的性能补充。①

这段话清楚地指示了与关联者模型的关系。自我被理解为“关系构造”，是网络中的一个节点，而不是毫无关系、自我支撑的原子式的团体。由于单个节点无足轻重，而关系变得重要，因此，“一个个自我的累计形不成多数”。利奥塔对后现代状况的描述，实际上是对社会及社会生产和再生产知识方式的网络描述。复杂系统的所有特征都可以在其中发现。对话语多元性的承认其实就是对复杂性的承认。它允许信息爆炸与难以避免的矛盾，它们形成真正复杂性网络的一部分。

针对后现代状况将产生孤立的话语从而导致“怎么都行”的批评，可以用两种方法反驳。

首先，社会形成一个网络。虽然不同的话语在网络内部形成为一个“缠绕的束”，但它们不能从网络中自我孤立出去，而总是与其他话语有着关联。不同的局部叙事相互作用，有轻有重，

① J-F. Lyotard.（1984）The Postmodern Condition：A Report on Knowledge. Manchester：Manchester University Press.

但没有话语能够通过自身而稳固下来。不同的话语——网络中的束——可能增长、收缩、碎裂、结合、吸收或被吸收。局部叙事仅仅在与周围其他叙事的对比与差异中获得意义。话语并非自我满足与自我孤立，而总是处于相互作用之中，为彼此的领地而交锋。这就是利奥塔所说的"社会的竞争的方面"。

其次，网络社会的分布式性质。在关联者网络中，信息不是通过特定的节点"表征"，而是通过散布于很多节点的模式编码。反之，任何特定的节点也形成为许多不同模式的一部分。同样，在社会网络中，话语也通过许多个"自我"而传播。话语仅仅是一大群相互交换信息的个体的"行为模式"，而不表达任何元叙事的方面。每个个体同时也是许多模式的一部分。由于社会网络与关联者网络一样具有分布式特征，因此宣称后现代主义将导致孤立个人的观点完全是无的放矢。

第二节 人与自然的新联盟

现代主义的机械论的自然观及其二元论的思维模式，导致了人与自然的对峙与分裂。人对自然的无止境的盘剥与掠夺，不仅带来自然环境的破坏，而且表征为精神文明的衰落和人的心灵被荼毒。正是这种"祛魅的哲学"最终导致了世界和自然的"祛魅"。自然在人的面前失去了全部的感性的丰富性，成为一架冷漠无情的机器。这种人类有限生命面对无限时空的悲壮与尴尬，与那种康德式的敬畏与恐惧，才是根植于人类生命最深处的"二律背反"；一切宗教与巫术都与此有关。天国与尘世、精神与肉体、彼岸与此岸的二分正是人类有限的生命企图把握无限宇宙时产生的二元分裂。庄子云："吾生也有涯，而知也无涯，以有涯随无涯，殆矣！"帕斯卡说："无限宇宙之永恒沉默令我战栗。”生物学家莫诺也以下面的语言描述人类在宇宙中的处境：

> （人是）……一个生活在异国他乡土地上的吉普赛人。那个世界对他所弹奏的音乐充耳不闻，对他的希望、苦痛和罪恶同样漠不关心。①

人与自然的分裂集中表现为科学文化与人文文化的分裂，这种分裂由来已久，以至英国学者C·P·斯诺专门写了名为《两种文化》的小册子，呼唤科学与人文的新的联盟。

让我们考察一下这种分裂的根源。

人文学者大多指责自然科学家埋头于由一大堆枯燥的公式、图表和数字组成的非人性的世界中不能自拔，缺乏对人的生命价值的关注，缺乏对科学的形而上的反思。一句话，科学不能解决人生观问题。这是对科学的极大误解。科学活动不仅必须以某种价值为先决条件，而且其自身也具有内在价值。科学坚持客观的依据，实践的检验，合理的怀疑，多元的思考，平权的争论。科学高举理性批判的大旗，蔑视权威和教条，是自由和民主精神的摇篮。自然科学是不同地域、肤色和种族的人们的共同语言。美国学者大卫·雷泽尔先生说得好：

> 我相信自然科学可以为一种真正普适的哲学，即超越民族和文化界限的哲学奠定基础。数学和自然科学是所有文化事业中最少具有地域局限性的，数、线和圆的语言对于所有民族、种族、宗教和语言共同体的人们是同样可以理解的，核酸和蛋白质的语言也是如此。自然科学讲述人类有史以来一切文化中乐于思考的人们曾经

① 格里芬著，马季方译：《后现代科学》，中央编译出版社，1998年版，第3页。

> 提出的问题：物质是由什么组成的？光和热是什么？恒星是什么？宇宙有限还是无限？有边还是无边？万物如何起源？生命是什么？人类怎样降生于地球上？意识是什么？灵魂是什么？……上述问题中的一些已经得到解答，其他问题则处于当代科学研究的前沿。对于那些愿意把他或她的心灵向这些答案敞开的每一个男女，寻求的答案是向他们开放的。①

科学的价值准则使人们相互走近与友爱，而不是使他们彼此分离与仇恨。科学闪耀着人性的光辉。科学与人文的内在精神是相通的；科学精神其实就是人文精神。自由、民主与科学是不可分割的整体。科学渗透着理性精神，是人类自由与尊严的守护神。沙文主义与极端民族主义既是人文精神的敌人，也是科学精神的敌人。

科学的光芒，使自然的奥秘向人类的心灵"敞开"（借用海德格尔的术语）。科学提出的很多问题本身就是哲学问题，复杂性科学即是一例。量子力学对物理实在观的冲击，对传统的自由意志与决定论思考的震撼也有目共睹。普里高津在接受记者采访时认为，按传统的观点，自然科学坚持将自然描述为确定规律作用的结果，而人文科学则强调人类的自由和责任，两者似乎不可协调。但作为正在兴起的新型科学——复杂性科学的代言人，普里高津坚信：

> 新模型的产生将使物理学获得新生……新物理学将弥合总是把自然描述成确定性实体的结果的自然科学与

① 雷泽尔著，刘明译，金吾伦、王维贤校：《创世论》，河北教育出版社，1992 年版，第 7—8 页。

强调人性自由和责任的人文科学之间的鸿沟。①

有伟大贡献的科学家往往具备深厚的人文素养，相反，缺乏人文素养而成为大科学家几乎是无法想像的。这绝非如一般人认为的那样，是因为人文素养仅仅“有助于”科学思考；其更深刻的原因在于两者（科学与人文）内在精神的相通。20世纪许多科学哲学家，如卡尔纳普与波普尔等，能与同时代的科学巨匠爱因斯坦和玻尔在各个领域自由对话，而在提出著名的量子力学“互补原理”的玻尔的行囊中也并非偶然地发现了中国哲学经典《道德经》。那的确是科学与哲学的黄金时代，套用恩格斯的一句话说，“是一个需要巨人而且产生了巨人的时代”。这些思想家们心胸宽阔，目光远大，心系世界前途与人类命运，在历史的关键时刻发出正义之声，成为世界的良心。在核阴影日益笼罩人类的时代，罗素与爱因斯坦联合发表了《罗素—爱因斯坦宣言》，号召东西方科学家召开一次世界性会议，共同讨论人类由于原子武器出现而面临的严重危机。罗素，这位《数学原理》与《逻辑原子论》的作者，就在逝世的前几天，还发表了一个重要的政治声明，谴责以色列袭击埃及和巴勒斯坦难民营。哲人风范，万世敬仰！

随着自然科学的飞速发展，其探索的触角越来越多地伸入传统的哲学领地：时间—空间、宇宙创生、决定论与意志自由……这些传统的哲学领地已日益为自然科学所侵蚀、所渗透，科学与哲学的边界变得日益模糊，科学也变得越来越人性化和“形而上学化”。自然的“返魅”、“后现代科学”也成为时下热门的话题。和那位有点哗众取宠地高喊“科学的终结”的记者先生霍

① 霍根著，孙雍君等译，安道校：《科学的终结》，远方出版社，1997年版，第317—318页。

插图 40：大卫·格里芬（D. Griffin，1939—），当代著名哲学家，因提出“建设性后现代主义”的概念而备受学界注目。

根的观点相反，我认为科学的“玄学化”正是科学变得人性化、并在深层次上与人文接轨的标志，是科学返归“本真”（再次借用海德格尔的术语）的象征。在这个问题上，前面提到的普里高津与其他复杂性科学家的工作正是沿着沟通科学与人文方向的努力。复杂性科学和突现论既然将目的性、对初始扰动的敏感性、时间的创造性内涵和突现进化等这些“属人的因素”再次引入自然系统，它便可能成为一个契机、一座桥梁，为新世纪科学与人文的联盟提供对话、交流与沟通的渠道。答案已不重要，或许根本就没有答案，问题本身便是人类生气勃勃的创造精神的标志。值得一提的是，自然与人文的分裂是现代思想的特征，后现代主义（特别是美国哲学家大卫·格里芬教授提倡的“建设性的后现代主义”）正是为克服此弊端而发，而复杂性科学特别是突现论则与后现代主义思想之间有某种天然联系，它们可以联袂携手，共同为克服现代世界的危机而努力。

参 考 文 献

1. Complexity&Postmodernism, Paul Cilliers, First published 1998 by Routledge 11 New Fetter Lane , Land EC4P 4EE.

2. Complexity: Metaphors, Models, And Reality, Edited by George A. Cowan, David Pines, David Meltzer, Addison-Wesley Publishing Company, 1994.

3. Emergence: From Chaos to Order, John H. Holland, Addison-Wesley Publishing Company, 1998.

4. Emergence: A Journal of Complexity Issues in Organization and Management, a publication of The New England Complex Systems Institute, Volume#1, Issue#1, 1999.

5. K. Kelly, (1994) out of control, London: Fourth Estate.

6. G. Lakoff, and M. Johnson, (1980, 1995) Metaphors We Live by, Chicago University of Chicago Press.

7. D. Lane, and R. Maxfield, (1995) Foresight Complexity and Strategy , Santa Fe Institute Working Paper#95-12-106.

8. T. Petzinger, (1996a) The Front Lines , Wall Street Journal, July 12.

9. D. Silverman, (1971) The Theory of Organizations, New York: Basic Books.

10. M. Waldrop, (1992) Complexity, New York: Simon and Schuster.

11. J. 布里格斯、F. D. 皮特著，刘华杰、潘涛译，朱照宣校：《湍鉴》，北京：商务印书馆，1998 年版。

12. 孟德波罗著，陈守吉、凌复华译，黄永念校：《大自然的分形几何学》，上海远东出版社，1998 年版。

13. 克劳斯·迈因策尔著，曾国屏译：《复杂性中的思维》，中央编译出版社，1999 年版。

14. 伊法尔·埃克朗著，史树中、白继祖译：《计算出人意料——从开普勒到托姆的时间图景》，上海教育出版社，1999 年版。

15. M. 盖尔曼著，杨建邺、李湘莲等译：《夸克与美洲豹》，湖南科学技术出版社，1998 年版。

16. 米歇尔·沃尔德罗普著，陈玲译：《复杂》，北京：三联书店，1997 年版。

17. 保罗·戴维斯著，徐培译：《上帝与新物理学》，湖南科学技术出版社，1996 年版。

18. 戴维斯、布朗编，易心洁译，洪定国校：《原子中的幽灵》，湖南科学技术出版社，1992 年版。

19. H. 哈肯著，郭志安等译：《信息与自组织》，四川教育出版社，1988 年版。

20. 约翰·霍根著，孙雍军等译，安道校：《科学的终结》，远方出版社，1997 年版。

21. 罗宾·柯林伍德著，吴国盛、柯映红译：《自然的观念》，华夏出版社，1999 年版。

22. R. 卡尔纳普著，张华夏等译：《科学哲学导论》，中山大学出版社，1987 年版。

23. 约翰·L. 卡斯蒂著，王千祥、权利宁译：《虚实世界》，上海科技教育出版社，1999 年版。

24. K. R. 玻珀著，查汝强、邱仁宗译：《科学发现的逻辑》，科学出版社，1986 年版。

25. 希拉里·普特南著，童世骏、李光程译：《理性、真理与历史》，上海译文出版社，1997年版。

26. 大口德行等编著，李树琦主译：《电脑时代的理性》，中国社会科学出版社，1998年版。

27. M. K. 穆尼茨著，吴牟人等译，李步楼等校：《当代分析哲学》，复旦大学出版社，1986年版。

28. M. 怀特编著，杜任之主译：《分析的时代》，商务印书馆，1987年版。

29. 利奥塔著，车槿山译：《后现代状态》，北京：三联书店，1997年版。

30. 格里芬著，马季方译：《后现代科学》，中央编译出版社，1998年版。

31. C. P. 斯诺著，纪树立译：《两种文化》，北京：三联书店，1995年版。

32. D. 雷泽尔著，刘明译，金吾伦、王维贤校：《创世论》，河北教育出版社，1992年版。

33. 吴国盛主编：《自然哲学》第一辑，中国社会科学出版社，1994年版。

34. 童天湘、林夏水主编：《新自然观》，中央党校出版社，1998年版。

35. 罗素著，马家驹、贺霖译：《西方的智慧》，世界知识出版社，1992年版。

36. M. Y. 查尔斯沃斯著，田晓春译，王石金、刘金华校：《哲学的还原》，四川人民出版社，1987年版。

37. 王志康：《突变和进化》，广东高等教育出版社，1993年版。

38. 金吾伦：《托马斯·库恩》，三联书店香港有限公司，1994年版。

39. 张华夏、叶侨健编：《现代自然哲学与科学哲学》，中山大学出版社，1996 年版。

40. 罗嘉昌：《从物质实体到关系实在》，中国社会科学出版社，1996 年版。

41. 吴国盛：《追思自然》，辽海出版社，1998 年版。

42. 李孺义：《“无”的意义——朴心玄览中的道体论形而上学》，人民文学出版社，1999 年版。

43. 倪梁康：《现象学及其效应》，北京：三联书店，1996 年版。

44. 冈特·绍伊博尔德著，宋祖良译：《海德格尔分析新时代的技术》，中国社会科学出版社，1998 年版。

45. R. 霍伊卡著，丘仲辉、许列民译：《宗教与现代科学的兴起》，四川人民出版社，1992 年版。